No.4

大学・大学生と農山村再生

中塚 雅也・内平 隆之◇著
小田切 徳美◇監修

はじめに

本書の狙い　いま、農山村地域の再生の現場で、大学・大学生が活躍している事例をよく見聞きします。グローバル化の波をうけ、少子高齢化や過疎化がすすむ厳しい農山村に、大学・大学生の若い力と知識を入れることにより、地域の活力を再生しようという動きです。

大学の力を活用して地域の活性化を図ろうとする動きは、東京一極集中による地方都市の弱体化を背景に、1980年代半ば頃から、「産学官連携」という言葉とともに盛んになりました。シリコンバレーをモデルとし、都市部での産業界との連携に重きをおいた「産学官連携」は、その後、大学の「第3の使命」として位置づけられた「社会貢献」の取組と関連づけられながら展開してきました。大学には「産官学連携」や「地域連携」や「社会貢献」といった名前を冠したセクションがつくられるなど、体制も整い、成果をあげている事例も多くみられます。また、近年では、農山村など過疎化や高齢化が進む地域の課題解決を図るための、大学や住民、NPOなどとの連携を特に、「域学連携」と呼び、政策的な支援も広がっています。

しかしながら、現実は、そのような連携が必ずしも上手くいくわけではありません。互いの思いがずれてしまい、一回きりの活動となってしまったり、続けるなかで、いわゆる「連携疲れ」に陥ってしまったりする例もたくさんあると思います。一方で、後にも述べるように、農山村からの大学・大学生への期待は非常に大きく、学生・若者の農山村地域への関心もかつてない程に高いものです。なんとか、うまく連携する手法、体制を構築することが喫緊の課題となっています。

本書が想定している読者は、「大学との連携に取り組んでみたい」という行政や地域の方、そして、「地域との連携をやってみたけど、もう少し発展させたい」という実践者、さらには、「地域貢献や地域連携をしないといけないらしいが、よくわからない」という、大学関係者の方です。そうした方々とともに、大学・大学生による農山村の再生のためのフレームや要点、課題について、事例をとおして考えてみたいと思います。

本書の構成　そこで本書では、次のような組み立てにしました。

Ⅰで、大学・大学生がいまなぜ、農山村再生とつながるかについて、農山村の視点、政策展開の視点から整理します。

Ⅱでは、我が国の大学の地域連携活動の広がりを概観します。連携活動をタイプ分けして整理した上で、大学の組織的な支援体制と現状の課題を提示します。

Ⅲでは、総合的な地域連携の実践事例として、神戸大学と兵庫県篠山市との連携の取組をとりあげ、具体的な活動内容と展開プロセスを示します。

Ⅳでは、福島県の取組を事例に、県下で、多発的な地域連携の実践例とそれを支える制度について示します。

Ⅴは、まとめとして、大学・大学生と農山村再生の活動の要点と課題、今後の展望を整理したいと思います。

I　いまなぜ大学・大学生と農山村なのか

1　希望の大学・大学生

(1)　農山村の今

よく知られるように、今、農山村では、高齢化、過疎化が進行し、その存続さえも危ぶまれている地域もあります。特に、山がちな中山間地域では、人口減少が顕著であり、「高齢者ばかりで跡継ぎがいない」、「小学校の存続が危ぶまれる」というような状況が多くみられます。また、それにともない、農地や山林の放置、ため池や用水路などの管理の不行き届き、空き家の増加なども進行するとともに、むらの寄合や祭りができなくなる問題、「買い物難民」、「老老介護」などと呼ばれるように、買い物や医療・福祉など日常的なサービスや相互扶助も維持できないといった問題が生じています。

明治大学の小田切は、こうした問題を、「人の空洞化」、「土地の空洞化」、「むらの空洞化」という3つの空洞化とよび、その上で、そこに住み続ける意味や誇りを失う「誇りの空洞化」が進んでいることが、深刻かつ本質的な問題として指摘しています（小田切［２００９］）。また、このような「空洞化」減少が、相互に関連しあいながら順に発生し、それらが中山間地域から日本全国の農山村に広がっていることにも言及しています。

こうした問題は、他人事でしょうか。農山村の荒廃は、下流域や周辺の地域、国土全体に影響をあたえますし、地域の文化や景観が失われるということは、国民全体の財産を失うことにもつながります。近年では、このような「空洞化」の力に対抗して、農山村の再生を目指す動きも活発化しています。それも国の政策や行政頼み、専門家頼みでなく、地域に住む住民が主体となりながら、力をあわせて地域の課題を解決し、地域の魅力をつくり出しているような取組も広がっています。また、そこに住み続ける住民だけでなく、都市住民、U・Iターン者、地域内外のNPOなど、さまざまな立場の人々が、それぞれの特性を活かしながら、連携して進められる事例も増えていますし、行政や中間支援組織による支援も次第に充実しつつあります。

（2）大学・大学生への期待と失望

このような動きのなかで、近年、注目されてきたのが、大学・大学生との農山村の連携です。背景には2つの期待があります。1つは、人口が減少するなかで、「出会うのは年寄りばかり」で、とにかく「人手が欲しい」や「若い人が来て活気が欲しい」といったものです。いわゆる「若手待望論」であり、その延長上には、そこに移住してきて、集落の一員として定住して欲しいという期待もあります。「うちの嫁（婿）に来て欲しい」といった話もよく出ます。もう1つは、大学のもつ知識や技術に対するニーズです。大学には、地域の課題を解決する「最先端のなにか」があり、なんとかしてくれるのではないかというものです。「新しい特産品をつくりたい」、「耕作放棄を解消したい」といった要望がその例です。

しかし、実際、そう簡単には2つの期待には答えられないことが多いのが現実です。前者に関しては、大学生は、イベントなどで短期的に関わりをもつことはあっても、その関係を継続するのは、そう簡単ではありません。

また、たとえ、関心をもった場合でも、時間とともにそれが薄れていくのは一般にあることですし、交通費や時間などの制約から足が遠のくこともあります。何よりも学生は「卒業」してしまいます。期待が大きければ大きいほど、そうした学生に失望してしまいます。

一方、後者についても、大学（研究者）が、地域の問題を即解決することは簡単ではありません。そもそも研究活動は、実証的、分析的なものが多く、民間や公的研究機関のコンサルタントや技術者などの方が適切に貢献できる地域課題が多いのも事実です（それは、一方で、大学側の課題であり、実践的な研究手法スタイルの確立も求められています）。必要なのは、地域が主体となりながら、大学も含めた、適切なセクターや人材が、ともに課題を設定し、役割を分担しながら、連携して実践することです。そうした考えなしに、地域が期待をもって、大学に相談や依頼をした先にあるのは大きな失望です。

「連携」や「交流」がもつ意義はますます大きくなっています。外部者との関わりを起点にして、地域を見直し、「誇り」を取り戻し、「3つの空洞化」を逆回転させていったという事例もみられます。先述の小田切は、これを「交流の鏡効果」と呼び、「農山村再生にむけた戦略的な活動」と位置づけその重要性を訴えています（小田切［2014］）。このようにますます期待が高まるなか、いま課題となっているのは、大学・大学生と農山村の連携の方法や仕組の確立です。本書では、その糸口をこれから事例をとおして考えていきたいと思います。

2　政策展開にみる大学の役割の変化

(1) 大学の「第3の使命」から

次に、大学・大学生と農山村に関する政策的な側面を整理します。

大学の知を地域の活性化に活かそうという動きが活発になったのは、1980年代半ば頃からです。東京一極集中による地方都市の弱体化を背景に、経済産業省が、「産学官連携」という言葉とともに主導しました。アメリカのシリコンバレーなどをモデルとし、どちらかといえば、地方都市部で産業界との連携をイメージしたもので、大学のシーズを地域経済の発展に繋げることが期待されました。

その上で、大学と地域社会との関係性に変化を与えたのは、2005年、第2次小泉内閣時に提出された中央教育審議会の答申、『我が国の高等教育の将来像』です。ここではじめて、「社会貢献」を大学の「第3の使命」としてとらえていくべきと記されました。これまでの教育や研究による長期的観点からの社会貢献だけでなく、より直接的な貢献も求めたもので、これを受けて、全国の大学に、地域連携や社会貢献を冠にしたセクションが設立されていくことになります。具体的な取組は、次章で述べますが、手探りの試行錯誤のなかで、大学と地域の連携活動が広がっていきます。

なお、この「社会貢献」は、先に展開されていた「産学官連携」を含めながら、大学側の視点に立って示されました。そうしたなかで、産業との結びつきを重視する「産学官連携」は営利的なものを指す言葉として使われ、

「地域連携」、「地域貢献」は、それ以外のどちらかといえば非営利的な活動を指す言葉として使われるようになりました。大学の組織や事業でもこうして区別されることが多かったのですが、最近では、これらを融合して総合的に取り組む動きも増えてきています。

（２）COCと域学連携

さらに、２０１３年度から、新たに文部科学省がすすめているのが、「地（知）の拠点整備事業（大学ＣＯＣ（Center of Community）事業）です。「大学等が自治体と連携し、全学的に地域を志向した教育・研究・地域貢献を進める大学などを支援することで、課題解決に資するさまざまな人材や情報・技術が集まる、地域コミュニティの中核的存在としての大学の機能強化を図ることを目的」とした事業であり、地域の再生・活性化に貢献する姿勢を示す大学を支援するものです。具体的な活動はまだ、途についたばかりですが、農山村の再生の取組も広がることが期待されます。

一方で、総務省からは「域学連携」という言葉が用いられて、政策展開されています。「大学生と大学教員が地域の現場に入り、地域の住民やＮＰＯなどとともに、地域の課題解決または地域づくりに継続的に取り組み、地域の活性化及び地域の人材育成に資する活動」を地域と大学の連携という意味で、「域学連携」と呼んでいます。この事業は農山村の方に重点があるもので、

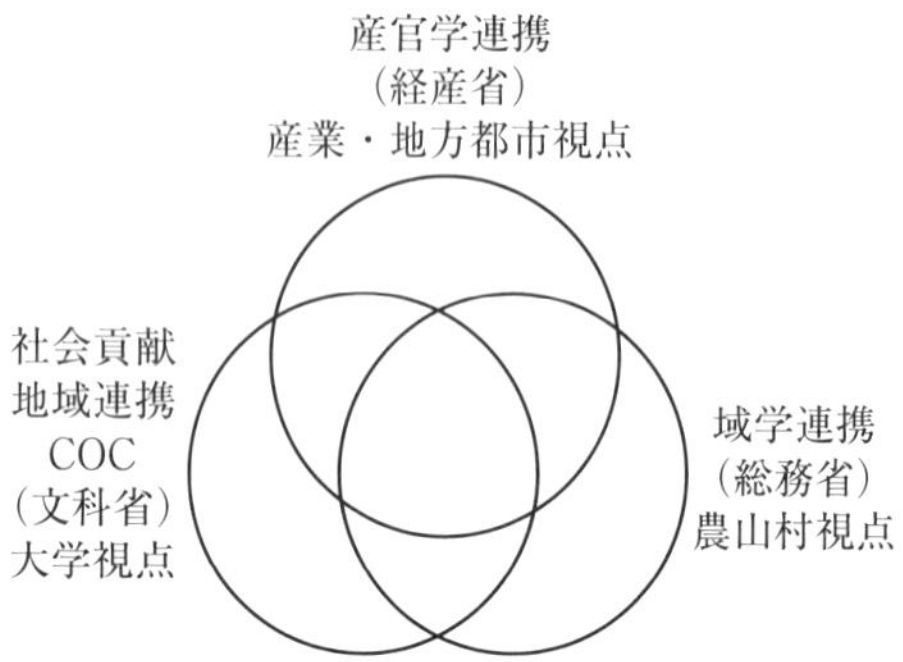

図１　大学との連携に関する呼称と視点

過疎地域などの大学のない地域と首都圏や京阪神などの都市部の大学との連携をすすめるものです。

図1は、以上にみた3つの省による取組を図示したものです。農山村と大学・大学生などの社会的な情勢や要請をもとに、各省庁が、それぞれの立場からの政策を展開するなかで、地域再生や農山村再生における大学への期待が高まっていることが分かると思います。こうした政策的後押しにより、実際、大学・大学生と農山村の連携活動が広がっているのですが、大学によっては、一歩進んで「社会貢献」を大学の存在基盤をなす活動として位置づけているところもあります。大学COC事業への大学側の高い関心に象徴されるように、それはもはや「第3の使命」でなく、「第1の使命」といえるようなものでもあります。また、関連して、広報事業との統合の試みや、社会貢献、地域連携、産官学連携といった取組を概念的にも、組織的にも統合し、より効果的な活動展開を目指す動きも広まっています。

Ⅱ　農山村を支える大学の地域連携活動

1　地域連携活動のタイプと支援体制

（1）地域連携活動のタイプ

前章では大学と地域の連携の概要について確認しました。地域と大学が結ばれることによって、地域の活力が高まることが期待されているといえます。それでは、どのように結ばれることがより効果的なのでしょうか。本章では、具体的な地域連携活動を整理しながら、この点について考えていきます。

農山村を支える大学の地域連携活動にはさまざまな形がありますが、特徴や課題から大きく「交流型」、「価値発見型」、「課題解決実践型」、「知識共有型」の４つのタイプに分類できます。

①交流型

交流型の地域連携活動は、地域の農家や住民とともに、農作業や地域づくりをおこなう活動タイプです。学生には、農山村での暮らしや農業に触れることにより、農へのまなざしを育む学習効果が期待できるとともに、地域にとっては、若い学生のマンパワーを得ることや、応援してくれる仲間や支援者がいるから活動をつづけることができるという「伴走者」がもつような効果（交流の伴走効果）が期待されます。課題としては、交流がマンネリ化し、「交流疲れ」が生じやすいこと、頻繁な往来が前提となるため、大学と地域の距離が遠い場合は、実現しにくいことなどがあげられます。成功している事例では、「学生をお客さん扱いしない」ことや、「集落みんなを楽しませる」こと、バスなどの移動手段の確保や交通費の補助をすることなどの工夫をしているようです。

②価値発見型

価値発見型の地域連携活動は、主にグループ単位での活動を計画的におこない、地域の新しい価値発見を目指すタイプです。「交流を通じて、地域に若者に喜んでもらえるものがあることを知った」などの、教員や学生との交流を通じて、自分たちの足元にあるものを見直すきっかけになったことを喜ぶ声も聞かれます。外部者の目をとおして、地域資源の見直しがおこなわれる、いわゆる「交流の鏡効果」(小田切［２０１４］)が期待されます。課題は、「価値発見」や提案だけで終わってしまうことです。あくまで大学との連携は起爆剤であり、事前に地域や集落側が、交流を通じて、何を達成したいかという明確な戦略を持っておくこと、実践にむけての体制を整えておくことが大切です。そうすることで、数回の活動であっても地域の再生につなげることができるのです。

写真１　大学生による援農活動

写真２　地域の価値再発見ワークショップ

③課題解決実践型

課題解決実践型の地域連携活動は、地域の抱える課題に対して、具体的な実践活動をとおして解決を試みるタイプです。新しい特産品の開発やその料理方法の提案や、ニーズ分析に基づくグリーンツーリズムの商品の開発、空き家の活用など、地域との緊密な関係性のもとでの企画開発をおこなう事例です。近年では、大学生の地域課題解決プロジェクトは世界的にも注目されています。学生の社会貢献プロジェクトの世界一を決めるワールドカップ・ＥＮＡＣＴＵＳには、世界47ヵ国、１８００以上の大学が参画するなど、高い注目が集まっています。こうした実践には、多くの時間や資金が必要になることから、大学内での取組の承認や場所を提供することや、地域と大学が共同で、補助金や委託金などを得るといった、実践のための環境整備が課題です。

④知識共有型

知識共有型の地域連携活動は、教員や博士課程などの学生が中心になり、専門知識をもって地域課題の解決に貢献しているタイプです。旧来からある地域連携活動の形であり、地域づくり活動のアドバイザーやコンサルタント

写真３　大学生による特産品の料理レシピ開発

写真４　地域でのセミナー開催による知識共有

のほか、セミナーや講演活動、行政などの委員会のメンバーとなることも含まれます。単発的なものもありますが、継続的に長期にわたって関係性をたもち、信頼関係のもと、研究もあわせておこなっている例も多くあります。成功の秘訣は、大学から地域への一方向の知識提供となるだけでなく、研究フィールドとして、地域から大学への生の情報を提供できる関係をつくることです。一方、専門分化がすすむなかで、誰に相談すればよいか分からないというマッチングが問題となります。コーディネート機能をもつ人材やセクションを設置することが課題であり、あとにみる地域サテライトの事例はその課題を解決した一例となります。

(2) 地域連携活動の組織的展開

以上にみてきたように、地域連携活動には、大学・大学生と地域の両者に、それぞれのタイプに応じたさまざまな効果が期待されていることがわかりました。しかしながらその一方で、なし崩し的な要求過多にお互い応じられなくなる現象、いわゆる「連携疲れ」を生む危険性を常にはらんでいます。地域連携活動に投資できる資源は、大学側も地域側も有限ですので、限られた資源を、取り組むべき課題に適正に配分するための地域や大学の目的にあった連携活動を選択し推進することが重要です。

それでは地域連携活動は、どのようにマッチングしていくべきでしょうか。いうまでもなく、従来から、大学研究者は個別に、さまざまな形で地域での研究・地域貢献活動を行ってきました。ゼミ活動や卒業研究の一環としての農山村地域でのフィールドワークや、地域課題と関連した専門性をもった研究者が、地域からの要請を受け、当該地域に入ってアドバイスや調査研究を行うといったような活動がその例です。

一方で、このような個別の研究者まかせの地域連携活動だけでなく、大学が組織的に、地域連携活動をすすめる動きも近年広がっています。社会貢献や地域連携に関する部局やセンターを設置することで、地域からの要請と大学内のシーズを適合させ、地域連携活動をより効果的にマネジメントしていこうという動きです。次の章の神戸大学と篠山市の事例にみるように、連携協定を締結し、大学と行政が双方向で包括的に地域課題解決に取り組むことを取り決めて、長期的な視点から農山村再生をすすめる取組もみられるようになってきました。

このような、大学による組織的な支援は、地域のもつ複合的な課題への総合的、長期的な対応が不可欠であることに加え、地域からの多様なニーズを、大学のもつシーズに応じて選別し、マッチングする上でも不可欠です。また、学生らの地域活動の支援やリスクを、個人で背負うことなく、総合的に対応するという点においても重要です。

組織的な取組の延長上には、さらに大学の本部から離れた農山村にサテライト施設を設置して、駐在の研究員などを配置し、教育研究活動や、地域の課題解決の活動や助言、地域の人材育成に取り組む事例もみられます。

写真5　和歌山大学・南紀サテライト「南紀熊野観光塾」

写真6　金沢大学能登学舎里山マイスター養成プログラム

具体的な例の1つとして、和歌山大学では、紀南の地域づくりに貢献するための「大学の地域ステーション」を目指した「南紀熊野サテライト」を設置し、現地で経営学修士を取得できる教育プログラムや、観光人材の育成を目的とする「南紀熊野観光塾」などを開催しています。また、金沢大学では、石川県の能登半島に「能登学舎」を設置し、新規就農や地域での起業を目指す社会人を対象に「能登里山マイスター養成プログラム」を開講するなど、地域の人材育成に貢献しています。これらの地域サテライトの取り組みは、大学のみで実施しているのではありません。地域のシンクタンクや商工関係者、農林漁業者などの協働や支援などの重層的な支援ネットワークを構築することで、農山村を支える新たな拠点として発展しているのです。

2　地域連携活動の課題

(1)　意識ギャップの存在と解消

順調に展開するようにみえる地域連携活動ですが、当然課題もあります。ここではその主たるものとして、連携に関わる主体（ステークホルダー）間の意識ギャップにもとづく課題と、連携活動を実施するための移動コストに関する課題の2つを考えます。

はじめに、地域連携活動の主体間の意識ギャップについてみていきます。**図2**は、研究者、大学生、地域関係者という3つの主体が、それぞれお互いに求める期待や満足を聞き取り調査とアンケート調査で調べた結果をまとめたものです（内平ほか［2009］）。まず教員は、地域に対して専門性を活かした貢献を通して、研究成果

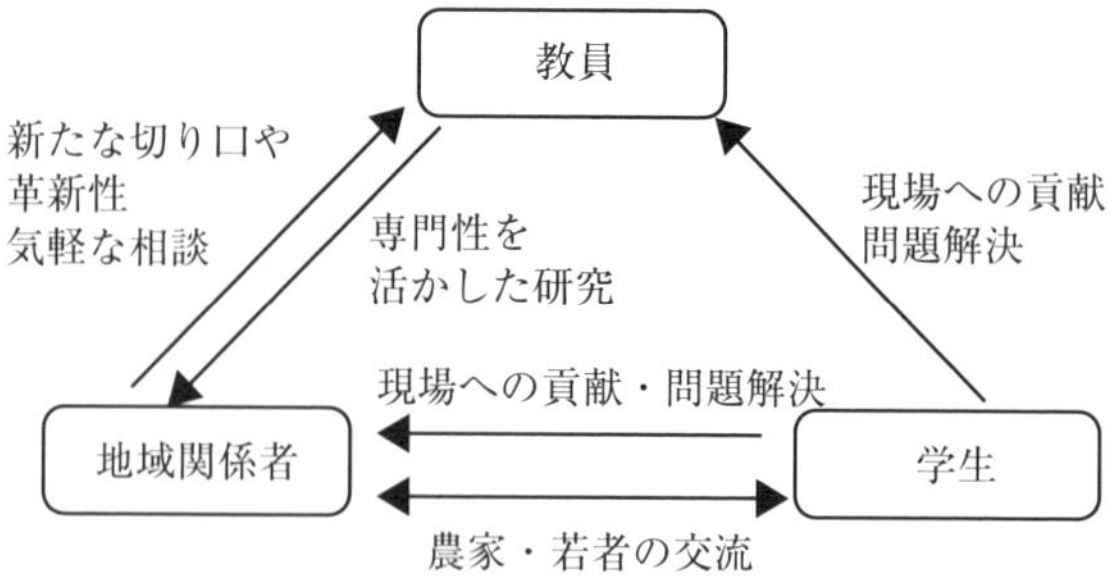

図２　大学と地域の意識ギャップ

を出したいと思っているのですが、地域関係者の方は、地域を劇的に変える新しい切り口や革新性を求めています。また、その一方で、気軽な相談を求めているだけというように、微妙なミスマッチが存在します。一方、学生は、「交流だけでは申し訳ないのでなにか具体的な課題解決に貢献したい」、「自分の力を試してみたい」と具体的な現場への貢献や問題解決を望むのですが、実際のところ、能力的、時間的に容易ではありません。教員も地域関係者もそのことを、それほど強く求めていないことがわかりました。そのなかで、双方の期待と満足が一致しているものが、「農家・若者の交流」です。事実、地域支援事業や教育プログラム終了後も、自発的に農山村との交流を続ける学生も生まれており、それを地域の人たちも期待し歓迎しています。また地域にとっては、「学生がきて集落みんながあつまって交流会をすることが一番の楽しみ」であるという声も聞かれます。地域との連携の基礎はこの、学生と地域との交流にあるといえ、ここを起点に発展させていくことが重要であるようです。

一方、先に述べたように、教員は、自らの研究成果をあげることを期待する傾向があります。当然のことですが、自分の専門性を活かせず、研究成果があがらない活動が続く場合、不満が生まれやすくなりますので、研究に直接関係する課題を地域のなかで探し出すためのサポートと、地域活動の負担を軽減するためのサポートが大学の組織的な課題となってきます。これに対して地域関係者の方も、その立場を理解し、研究のフィールドや素材の提供などで協力する体制をとることが課題となります。なお、大学生に対しては、現場への貢献・課題解決に関する意欲を、一時的なものとせず持続、発展させ、みずからの専門分野での学習や卒業研究、大学院での研究につなげるためのサポートをおこなうことが課題となってきます。

以上のように地域連携に関わる各主体は、それぞれ本来的に異なる志向をもっています。地域連携の発展のためには、こうした基本特性を十分理解することが第1に重要であり、その上で、このギャップを埋めるための支援や調整、そしてお互いへの配慮が求められるのです。

(2) 移動コストに応じた活動の選択

もう1つの課題は、移動のコストについてです。大学と連携する地域の距離は、30分程度のものから2時間を超えるものまで多様です。交通費などの移動コストの違いにより、活動頻度や活動内容が大きく制限されるため、向き不向きを考えた活動の選択をすることが大切です。

移動コストが低い地域との連携の場合は、頻繁な往来が可能となり、先に示した「交流型」や「課題解決実践型」の活動をおこないやすくなります。その特性を活かすには、大学内や周辺地域において、開発や制作活動を行いやすい環境や拠点を整備することが大事です。また、学生の活動を、地域課題解決に繋げる場合には、日常的に相談ができる専門的なアドバイザーやメンター（指導者・助言者）をつけるなどの支援も必要です。

移動コストが中程度の地域においては、さまざまなタイプの活動をおこなうことが可能ですが、継続的な連携活動をおこなうためには、いくつかの支援のオプションを考えておく必要があります。1つは、移動コストを下げる工夫です。行政の補助金や、企業CSR、最寄り駅までの地域住民による送迎などのサポートが有効です。特に「交流型」や「課題解決実践型」の活動を、こうした地域でおこなう場合は、必ず交通費の負担軽減に配慮する必要があります。2つ目は、活動の拠点を地域につくる方法です。サテライト拠点を連携のハブとしてもつことにより、距離による負担を軽減することができます。駐在員を配置することが可能であれば、より密着した地域連携活動が可能となり、大学と地域との調整機能が向上します。この際、駐在員として地域の人材を登用することを通して、距離が離れた大学との橋渡しを担う、支援人材ネットワークを構築していくことも必要なことと思われます。

大学から遠く離れた移動コストが高い地域では、特に行政のサポートが必須です。時間も多くかかり、交通費も1回1万円を超えることもあります。頻繁な活動には向かず、「価値発見型」や「知識共有型」の活動を選択的に取り組むことが必要です。後でみる福島県の取り組みのように、行政がイニシアティブをとり、主体的に活動に取り組める集落の状態と大学の専門性を考慮してマッチングする機能を果たすことが求められます。また、さらに、大学との交流を通じた「価値発見」を、大学なしでも地域主導ですすめられる体制や支援を準備しておくことや、大学との細くとも息の長い関係性の構築を心がけることも重要です。

(3) 地域連携コーディネーターの育成

以上のようなさまざまな地域連携活動の課題を克服し、大学と地域のニーズやシーズ、利害を調整する上で欠かせないのが、いわゆる地域連携コーディネーターです。具体的にはどのような機能を、どのような人が果たすべきなのでしょうか。

第1に求められる機能は、日常的なコミュニケーション促進機能です。大学、学生、地域関係者（農家、自治組織）だけでなく、行政、企業、NPOなど、地域連携のステークホルダーとなる主体間で、それぞれのニーズや情報、知識を日常的に共有し、調整することは、地域連携を円滑にすすめる上で不可欠です。こうした活動が積み重なり、地域と大学の間の信頼関係を強め、連携の基盤となる社会関係資本を強化します。

第2に求められる機能は、地域研究や地域活動のマッチングとサポート機能です。地域課題を精査し、大学での研究につなげたり、逆に、大学からの研究に関する要望を、地域に落とし込んだりする機能です。学術論文や大学生の卒業・修了論文のテーマとなった場合には、その調査実施や研究成果の地域への還元を支援することも求められます。一方、学生らの地域活動においては、特にサポート機能が重要です。大学生と地域、それぞれの相談相手や、時にはメンターとなり、円滑な連携活動を支援します。また、何か問題が起こった際には、介入対処することも求められます。

第3の機能は、研究や地域活動の実践主体としての機能です。コーディネーターが自らの専門性を活かして、地域の課題解決のための研究をおこなったり、リーダーとして実践活動をすすめたりすることも求められます。さらには、行政や市民活動のアドバイザーとしての貢献も重要な役割であり、現場に密着した専門家として、地域の知の創造を担うことが求められます。

以上のような機能を果たすことは、決して容易なことではありませんが、地域連携活動の発展において不可欠であり、その人材育成は大きな課題となっています。その際、地域連携コーディネーター個人だけに依存せずに組織としてその機能を果たすように考えること、大学側のスタッフだけでなく、行政、NPO、シンクタンクなどのスタッフの協力や受け入れを通してその機能を果たすことなどが重要なポイントです。また、地域自治組織などにおいては、リーダーやマネージャー（事務局）が、その機能が果たせたときに、その地域の連携活動はより充実したものとなります。役職として地域連携コーディネーターが配置されることが最も望ましいですが、そうならずとも、機能として、地域連携活動のコーディネーターの役割を果たす人が、地域内に多く存在するようになることが地域連携活動の推進において重要といえます。

次の章では、その地域コーディネーターが機能を発揮することによって、総合的な地域連携が展開していった事例をとりあげ、その展開プロセスと成果、要点などを確認していきます。

Ⅲ　総合的な地域連携の実践：神戸大学と篠山市の連携

1　連携のはじまり

（1）連携の土壌

ここでは、総合的な地域連携の1つのモデルとして、神戸大学と篠山市の連携をとりあげ、時系列にその活動展開を整理していきます。

兵庫県篠山市と神戸大学大学院農学研究科の連携活動がはじまったのは、2006年のことです。篠山市は兵庫県の中東部に位置する人口約4万6千人の農村地域で、京阪神の都市部から60～80分の距離にあります。実は、篠山市には農学研究科の前身である、兵庫農科大学が1949年から1967年まで置かれていました。この間、現在、地域の特産品となっている黒大豆、山の芋の開発に大学が貢献してきたといいます。移転から40年以上がすぎ、当時を知る市民や卒業生は少なくなってきましたが、「うちは、昔、学生が下宿をしていた」、「街をよく学生が歩いていたものだ」といった声も聞かれ、市民のなかには大学に対する親近感が残っていました。大学側にも「篠山で学生時代を過ごした」、「篠山で教員生活をスタートさせた」という教授たちが、数少ないながらも残っていました。弱くなりつつありましたが、このような繋がりが連携をはじめる土壌としてありました。

その一方で、近年では、個人レベルでの繋がりも築かれていました。研究者として、篠山市や近隣地域での調査研究活動や施策への助言などをおこなうなかで、現役の市の行政職員と大学教員の間での交流があり、信頼関係が培われてきました。実際、この連携事業の話は、日常の会話のなかから持ち上がりました。一般にこうした連携事業はトップダウンで行われることが多いのですが、本取組では、担当者レベルからのボトムアップのかたちですすめられました。大きな障害もなくスムーズに連携話は前に進むのですが、それは何よりも、前述のとおり、両者の間で、弱くなりつつも関係性が残っていたこと、関連して、神戸大学の農学研究科なら、篠山市なら、という誰もが思える、説明しやすい歴史的な経緯があったことが大きいと考えられます。以上のように、過去のネットワークと、現代のネットワークという、２つのネットワークが重なり、いわば社会関係資本（ソーシャルキャピタル）として蓄積されていたのです。

（2）連携協定とサテライトの設置

連携協定の話は、農学部とはいえ、都会育ちで農業・農村の実態を知らない学生が増えるなか、地域に立脚した、「生きた現場」での教育や研究をすすめたいという大学側の意向と、大学の知と大学生の活気を地域の活性化に活かしたいという篠山市の意向がつながったことからはじまりました。

まず両者で決めたことは、協定を、友好協定のような形式的なものとしないことです。そのため、しっかりとした計画をつくること、予算をつけること、そして、活動拠点をつくることの3つを決めました。最初に整備されたのが活動拠点施設です。社会福祉協議会などが入っていた施設が利用されなくなっていたところを、市が無償提供し、「篠山フィールドステーション」という名称にて、２００６年11月、供用開始されました。その後、

２００７年４月に、正式に「連携協定」が締結され、市と大学での共同研究の実施（市の助成金による）と、学生むけの農業農村演習を重点的に実施することになりました。コーディネート機能を果たす研究員を篠山に駐在させることが目標とされましたが、その財源は不十分でした。幸運にも、この取組と関連づけて応募していた農水省関係の競争的研究資金を獲得できたことにより（２００６〜２００８年度）、若い博士研究者が雇用され、「施設はつくったが、普段は誰もいない」という状況にはなりませんでした。

当時おこなわれた共同研究は、黒大豆を基軸とした産業複合体形成に関する研究や、黒大豆の施肥技術の向上をはかる研究、地域課題の解決のための人材教育とインベントリーの仕組みづくり、校区単位のまちづくり協議会設立に関する支援などです。一方、教育面では、大学生が、農家のもとで農作業をはじめ多様な農村活動をおこなう「農業農村フィールド演習」が試験的に開講され、月に一回、土曜日の早朝からバスにゆられて、学生たちが篠山に向かう仕組がつくられました。

２　現場体験学習プログラムの展開

（１）食農コープ教育と現地体験

２００８年度からは文科省・教育ＧＰに採択され、農学部として「食農コープ教育による実践的人材の育成」に取り組むことになりました。コープ教育（Cooperative Education）とは、現場（職業訓練）と教室の行き来を戦略的にすすめる教育手法のことで、アメリカでの歴史は１００年以上にのぼります。こうした考え方を取り

表１　農業農村フィールド演習／実践農学入門の概要

目標	農業農村の現場の実態と課題を多角的・総合的に理解する（①持続可能な農業やライフスタイルのあり方を考える ②主体的な問題発見・課題力を養う ③コミュニケーション能力を養う）
受入地域	兵庫県篠山市内の地域団体・農家
実施回数と時間	月１回程度、年８回程度 原則土曜日開講 大学８時出発、17時帰着
方針	受入農家による学生指導（「農家に弟子入り」、「農家が先生」、教職員と地域団体によるフレームの設定と活動支援） 学生はグループ活動を基礎とする
内容	丹波黒大豆、水稲の作業が中心
授業の位置づけ	農学部１年生に配当 通年、選択科目（他学部生の参加可能）
運営の基盤	６名の担当教員（農学部食農コープ教育推進委員会内）、地域連携研究員１名（篠山在住）、ティーチングアシスタント１名 調整と連続参加は研究員、教員は当番制（毎回最低１名の教員が参加） 農学部がバス賃料などを負担

入れ、現場と理論をつなぐ教育を発展させることがこのプログラムの狙いです。正式に科目として「農業農村フィールド演習（のちに「実践農学入門」と改称）」が位置づけられたほか、農家から学ぶだけでなく、地域の課題解決への実践的に貢献できる科目として、「農業農村プロジェクト演習（のちに「実践農学」と改称）」が加えられ、また、地元と大学生のニーズとシーズをむすぶ、ボランティアやインターンシップの仕組が整備されました。

表１はこのプログラムの基盤となっている、「農業農村フィールド演習／実践農学入門」の基本的なフレームをまとめたものです。年次を重ねるなかで、地域側の受入先、回数や内容、授業としての位置づけ（名称や単位数）などは変化していますが、現地で農家との共同作業をとおして、農業農村の実態を多角的・総合的に理解することを中心に据え、一過性の体験でなく年間を通じたプログラムとされていることは変わりません。農学部の担当教員の他、篠山フィールドステーションに滞在する研究員が、地元との調整や学生とのコミュニケーションなど、総合的なコーディネート機能を果た

表２　「農業農村フィールド演習／実践農学入門」の実施概要

年度	2008	2009	2010	2011	2012	2013
受入主体（地区名）	真南条上営農組合（真南条上自治会）	城南地区まちづくり協議会（城南地区）	福住地区まちづくり協議会（福住地区）	みたけの里づくり協議会（畑地区）	西紀南まちづくり協議会（西紀南地区）	今田まちづくり協議会（今田地区）
受入実務担当	真南条上営農組合	岩崎自治会、真南条上中自治会、真南条下自治会	西野々自治会（原則自治会内の11農家が協力）	地区内13農家（10自治会）	地区内12農家（８自治会）	地区内11農家（７自治会）
科目名（単位数）	農業農村フィールド演習（１単位）			実践農学入門（２単位）		
実施回数	８回			６回＋校内学習＋課外活動		
受講者数（班数）	31名（班無し）	22名（３班）	36名（11班）	50名（13班）	48名（12班）	54名（11班）

注：受入主体における「協議会」は、複数の自治会（小学校区・旧村）で設立された地域自治組織

しています。

この科目を実施するためのおおよその年間スケジュールは次のとおりです。まず、前年度中に、市役所を通して受入候補地域が選ばれます。その後、大学と地域の実務担当者レベルで、年間スケジュールなどの確認と調整を行い、正式な受入地域が決定されます。４月から履修登録申請を受付け、履修者が決定されたのち（大型バス一台の定員を履修可能者数としている）、４月末から11月にかけて１ヵ月に１回の割合で現地学習または校内学習をおこないます。その上で最終回となる１月末に、地域、大学、行政の関係者全体による活動発表会・懇親会をおこなうことになっています。

表２は、２００８年から２０１３年までの実施の変遷をまとめたものです。最初は営農組合での受け入れから始まりました。市内有数の営農組合で、以前から交流事業も展開していたこともあり、活動内容は充実していました。しかし、大人数の学生を１つとした体制としたこともあり、学生と受け入れ農家の一人一人の関係

性を十分構築できなかったこと、営農組合という性格上、いわゆる「地域づくり」への展開や継続が難しかったことが問題となりました。一方で、体調面や冠婚葬祭での突発的な予定変更、心理面での負担軽減などにおける相互サポートという点において、個人単位ではなく組織的な受け入れの有効性、重要性も確認されました。その結果を受けて、2008年度以降は、篠山市で進めていた小学校単位・旧村単位での地域づくり活動と連動するように、その主体である、まちづくり協議会（地域自治組織）単位での受け入れを原則とするようにしました。さらに、まちづくり協議会が窓口となるなかで、実際の作業は、地区内の個別農家として、学生グループと受け入れ農家を小規模に固定することにより、個々の関係性の構築を促す仕組が構築されました。2010年度を最後に、文科省・教育GP期間が終了し、大学自主財源での運営にかわったことを契機に、名称、単位数、内容が若干修正されましたが、基本的な仕組は、変わらず継続されています。

写真7　現場にとけこむ学生たち

(2) 体験から課題解決へ

現場での授業のもう1つの核となっているのは、「農業農村プロジェクト演習／実践農学」です。こちらは、「農業農村フィールド演習／実践農学入門」の発展版として位置づけられるものです。先の科目が、「農家から学ぶ」ことに主眼にあることに対して、この科目では、「農家とともに実行する」ことを重視しています。また、前者が1年生を対象としたものに対して、こちらは3年生を対象としています。教育プログラム上は、2年生時は、

表3　農業農村プロジェクト演習／実践農学の実施概要

年度	2010	2011	2012	2013
活動内容	A 農学部の遺伝資源を活かした特産品開発「丹波の赤じゃが」開発 B 資源マップづくり	A コミュニティビジネス「一日赤じゃがレストラン」 B 休耕田を活かしたビオトープづくり	A 空き家提供促進のための施策提案 A 地域資源の聞き書き「福住の宝物」 B 里山管理の実践	A 集落内放置柿の除去による獣害対策「さる×はた合戦」 B 里山管理の実践
受入主体（地域）	A 真南条上営農組合 B 城南地区まちづくり協議会	A 真南条上営農組合 B 真南条上営農組合、豊岡市	A 福住まちづくり協議会 B 八幡森林組合、菅自治会、矢代自治会の有志農家	A みたけの里づくり協議会 B 矢代自治会の有志農家、知足自治会
科目名（単位数）	農業農村プロジェクト演習（1単位）	実践農学（2単位）		
受講者数	16名	17名	22名	31名

自分の意思で食や農に関係するボランティア活動を促しており、その後、1年生時にお世話になった地区を主対象として地域課題解決プロジェクトを企画、実施することとしています。つまり、地域側にとっては、2年後に、少し成長した学生が戻ってくるという仕組みになっています。なお、年ごとに担当教員などの大枠は決められているものの、取り組むべきプロジェクトは学生と地域で決定します。

表3は、これまで取り組んだプロジェクトの一覧です。付属農場が管理するバレイショ品種を用いた「丹波の赤じゃが」の開発と、それらを活かした一日農家レストランの試行など特産品と6次産業化に関するものをはじめ、資源マップづくりや聞き書き、休耕田を活用したビオトープ田づくりや里山管理、さらには、猿害対策として、集落内の放置柿を取り除くイベント実施など、地域課題に対応したさまざまな取組がなされてきました。また、演習終了後も、学生が独自に、ボランティアとして、または卒業論文・修士論文のテーマとして関わりをもちつづけている例もいくつか出てきています。

3 現場体験学習の成果と学生の活躍

(1) 食農コープ教育プログラムの成果と特徴

ここで、以上にみた食農コープ教育プログラムの成果をその特徴とともに整理してみます。1つ目の成果は、「農家が先生」、「農家に弟子入り」というコンセプトのもとでの学生や農家の主体的な取組が促進されたことです。学生は自ら学ぼうという姿勢をもつようになり、地元農家らは教えるという行為を通して、自らの農業や地域の見直すことになっています。2013年度の履修生に対しておこなったアンケート調査の結果をみると、全体的な満足度は4・4と非常に高く（5：非常に満足〜1：非常に不満の5段階評価の平均、以下同様）、農業全般の理解が深まり（3・8）、地域に愛着をもつ（4・1）ことだけでなく、コミュニケーション能力の向上（4・1）、これからの学習や研究の意欲の向上（4・3）にも繋がっていることがわかりました。

2つ目の成果は、地域自治組織単位での受け入れとすることにより、取組が地域づくり活動の一部として位置づけられ、地域活性化の契機となっている点です。なお、受け入れ地区が毎年変わることで、局所的な取組となることなく、市全体に面的に広がっていることも注目すべき点です。受け入れ地区間での連携・情報交換も生まれ、地域全体で実施のノウハウと人的な関係性の蓄積も進んでいます。また、地域自治組織が団体として受け入れることは、個別農家の精神的、物理的負担の軽減や問題発生時の対応などにおけるリスク軽減など運営上の利点もあるようです。

受け入れ地域の方でも、「ある程度の負担はあったものの、地域全体が活気づいた」、「学生とともに色々な新しい事業に取り組んでみようと思った」、「教えることや、学生との会話をとおして、自分たちの地域の良さや問題を再発見できた」、「もう一度受け入れたい」という意見が聞かれ、これらの学生の受け入れが、地域を見直す機会や、新しい取組の起爆剤として、学生の受け入れが機能していることが分かります。

3つ目の成果は、意図されていなかったことですが、学生活動団体の結成とその活動です。受講学生らのうち何人かが自主的にグループをつくり、受け入れ地区に根をおろして活動を継続する流れができました。その具体的な活動内容を次にみていきます。

(2) 学生による地域活動の展開と地域の支援

地域で活動する学生の活動は、「農業農村フィールド演習／実践農学入門」をとおして、「お世話になった地域へ何か恩返ししたい」、「授業で終わりとせず、続けて活動をおこないたい」という気持ちから自発的におこなわれるようになりました。**表4**は、学生たちが設立した活動団体の概要をまとめたものです。現在、4つの団体が、地域に根ざした活動をおこなっています。会員規模や活動頻度に差はあるものの、農業作業への補助的な参加を中心に、祭礼やイベントへの参加など、さまざまな地域活動を、地元協議会などと連携しておこなっていることがわかります。授業をきっかけとした、このような学生団体の継続的な活動が、地域づくりにおいて、地域住民の活動とは別の、もう1つのエンジンとなっているのです。

ところで、このような学生と地域の活発な活動の裏に、それらを支える重要な仕組があることを確認しておく

表4　学生活動団体の概要

団体名	ささやまファンクラブ	ユース六篠	はたもり	にしき恋
設立年度	2010	2011	2012	2013
会員数	10名	10名	35名	48名
主な活動地域	真南条上集落	福住地区	畑地区	西紀南地区
現地での活動頻度	月1回程度	月2回程度	月2～4回、合宿	毎週末、合宿
定期的活動	・里山（由利山）の整備 ・地域の敬老会やイベントなどへの参加	・地元行事やイベントでの協働 ・農業の補助作業 ・古民家改修の交流拠点「さんば家ひぐち」の駐在補助	・地元行事やイベントでの協働 ・農業の補助作業	・地元行事やイベントでの協働 ・農園管理 ・農業の補助作業
2012－2013年度の主要活動	・里山整備計画づくり ・里山への東屋の建設	・田んぼアートの実施 ・地域活性化計画づくりへの参画	・地域地図の作成 ・小学校閉校式での自作劇の発表 ・はた祭りにおけるイベント企画 ・獣害対策イベントへの参画 ・黒枝豆・黒大豆の栽培・販売	・農作業補助 ・農園管理 ・地元祭礼への参加

必要があります。それは現地へのアクセスに関することですが、ここでは、最寄り駅のJR篠山口駅までのアクセスと、その駅から現地までのアクセスの2段階の障壁を乗り越えなければなりません。1つ目は金銭的な問題ですが、兵庫県や篠山市といった関係行政の協力により、いくらかの金銭的補助がなされる施策が組まれています。2つ目は、駅から現地までの公共交通機関がない、もしくは不自由という農山村地域に共通する問題です。地区の農家や大学スタッフも送迎に協力するのですが、毎回のこととなると負担も小さくありません。

ここで特筆すべきは、この問題の解決に、地元の自動車教習所「Mランド丹波ささ山校」が協力していることです。教習所への送迎バスに、学生を乗せ、現地まで送迎の支援をしているのです。もともと、巡回スケジュールにあわせて同乗することを大学側が依頼したのですが、「地域の役に立つならば」と快諾の上、前日までの予約で、オンデマンドで駅から活動をおこなう現場まで送迎してくれます。会社としては、いわゆるCSR（企業の社会的責任）といわれる活動ですが、利用している学生のなかには、この教習所で運転免許をとる者も出てきており、アクセス問題を解決する1つのモデルとして興味深い取組です。このように学生による継続的な地域活動には、大学や受け入れ地区だけでなく、産官学による地域ぐるみの支援、いわば「連携活動のインフラ」が整っていることが不可欠といえるでしょう。

写真８　農園を借り受け管理する「にしき恋」

4　教育・研究・社会貢献の融合へ

(1)　地域の人材育成と学習ネットワーク

以上にみてきた教育プログラムは、学生の育成に重きがおかれたものですが、その一方で、地域の人材育成を主とした取組も展開されています。当初、大学の教員が、篠山フィールドステーションで、セミナーをおこなうという形で始められたものですが、２０１２年からは、単なるセミナーでなく、ネットワークづくりや、地域課題解決のコミュニティづくりを強く意識したものとして改めて企画されました。

表5　進行の基本モデル

受付・ネットワーキング（飲み物とともに懇話）	30分
イントロダクション	10分
第1部：話題提供（ゲストスピーカーより）	30分
テーブルトーク（軽食とともに、話題について対話）	30分
第2部：全体ダイアログ（ホストとゲストによる進行）	30分
終了・ネットワーキング（全体をふりかえりながら）	20分

取組は、「農の学び場：Rural Learning Network」、通称「るーらん」という名称にて実施されています。事務局と拠点を神戸大学の篠山フィールドステーションとしていますが、地域の有識者や行政職員、地域に関わる他の大学の研究者とともに、運営グループを組織して、大学とは独立した形で運営されています。その目指しているところは、先述のように、地域の範囲、専門や興味の分野、産官学といったセクター、さらには運営者と参加者といった枠を超えた対話やネットワークの場とすること、さらには、実際の地域課題に取り組む、いわゆる「実践コミュニティ」を創出することです。そのため、二ヶ月に一回程度の頻度でおこなわれるセミナーは、一方向の講演形式でなく、企画チームによるテーマの設定のもと、講師による話題提供と対話、ネットワークづくりを組み合わせた形式でおこなわれています。

写真9　「るーらん」でのテーブルトーク

表5は、標準的な進行のフレームを整理したものです。ネットワーキングの時間、対話や振り返りの時間が、多くとられていることが分かると思います。また、**図3**は、この「るーらん」を基盤とした、地域の人材育成と課題解決のシステムを概念的に示したものです。

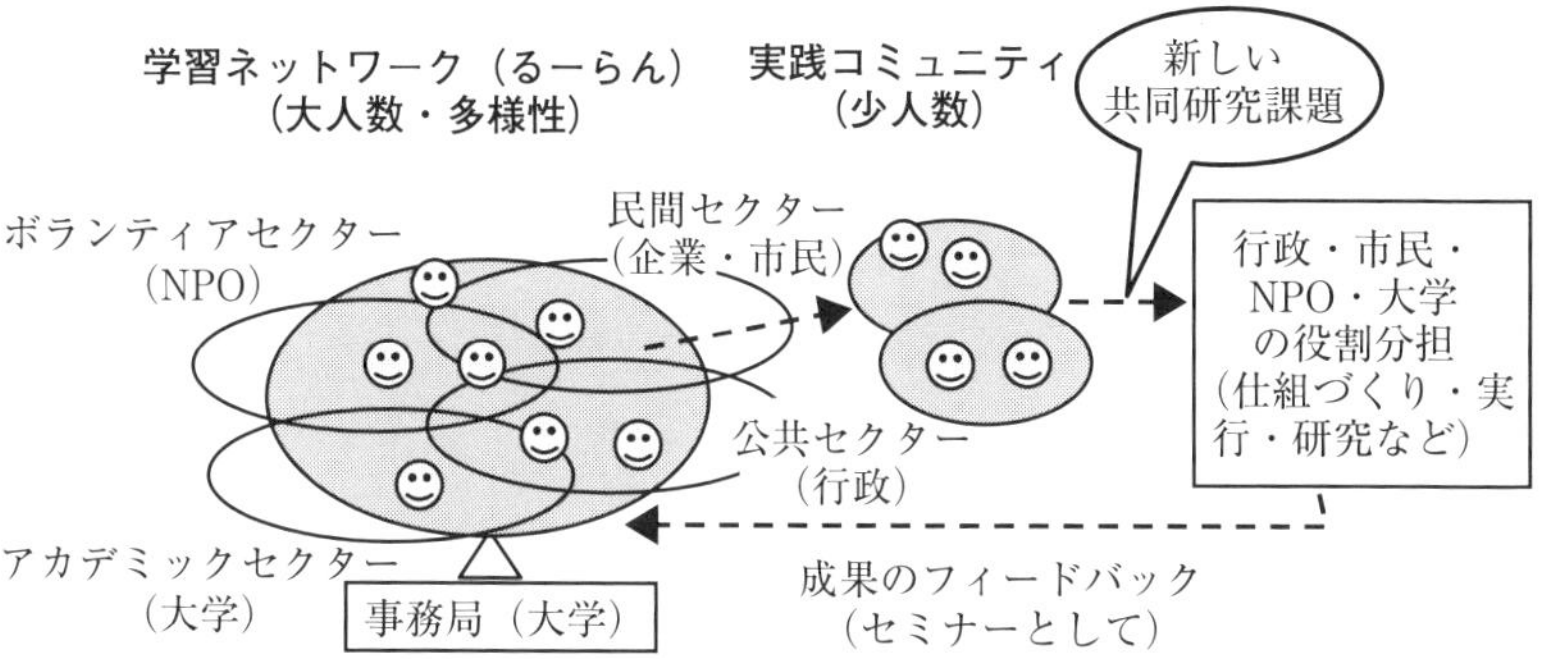

図３　人材育成と課題解決の地域システム

実際、２０１２年度、２０１３年度に「る－らん」は13回開催されて、登録会員数は約１５０人、そのなかで、「獣害対策の地域づくりを考える会」、「地域自治システム勉強会」、「在来種研究会」の３つの実践コミュニティが生まれていることは注目に値します。先に紹介した食農コープ教育プログラムを通して、強く地域に関心をもった学生も、これらのコミュニティに参加しています。

また、このネットワーク活動そのものは、丹波地域を中心に農山村で地域活動をおこなう学生、学生団体の情報共有ネットワークである「Rural Student Network」の立ち上げ、さらに広域の地域を対象とした、農山村への移住者たちの情報共有ネットワーク「いなか移住者ネットワーク：Rural Mover Network」の立ち上げなど、異なったカテゴリーのネットワーク形成へ影響を及ぼすなどの副次的な効果もみられました。

以上のように、地域内外への広がる重層的なネットワークは、学生を対象とした取組展開の一方で、それをも包含する形で実践され、地域の価値創造や課題解決の可能性を高めていると考えられます。

（2）学生の定着志向と新しい展開

現場体験学習プログラムや学生活動団体での実践、学習ネットワークのなかで、「もっと地域に関わり続けたい」、「地域に関係する研究をしたい」、「出来れば地域で仕事をしたい」という意向もみせる学生もでてきました。実際、卒業研究や修士論文として、篠山に関する研究をした学生は、これまで5名にのぼります。また、そのなかの1名は、実際に、篠山に移り住み、農業関係のアルバイトをしながら、卒業研究をすすめていますし、大学院進学後も、地域に滞在しながら、研究をしたいという意向をもっています。

また、実際の行動に移さないまでも、こうした意向を潜在的にもつ学生は、少なからず存在するのですが、受け入れ地域側の体制が追いついていないのが実態です。そこで、大学では、新たにプロジェクトをたちあげ、オフィスである「篠山フィールドステーション」とは別に、学生が長期滞在して地域で活動できる拠点をつくることにしました。空き家となっていた古民家を専門家の指導を仰ぎながら、学生らの手により自力改修することにより、2014年1月、農村滞在型活動拠点「篠山フィールドフラット」が整備されました。学生の長期滞在や、学生活動団体の宿泊合宿などが可能となったことにより、予想以上の利用意向が寄せられているようです。

一方で、篠山市の方では、2014年度から総務省「地域おこし協力隊」制度を、こうした学生を対象に取り入れようとする準備もあります。こち

写真10　学生らの手で改修した滞在型活動拠点「篠山フィールドフラット」

らも多くの学生が関心をしめしています。地域への定着は、農山村地域の共通した課題ですが、学生らの潜在的な関心をしっかり引き受ける（プルする）、目に見えるインフラや制度の整備が重要だということがこれらの例からうかがえます。

（3）地域連携の到達点と展開プロセス

以上のように、本事例では、学生の教育を中心にしながらも、研究と地域づくりが融合された形で、連携活動が展開されていました。その成果は、学生の教育だけにとどまらず、地域の課題解決や人材育成、さらには、地域への学生の定着まで広がってきていることがわかりました。

図4は、この展開プロセスを概念的に示したものです。①まず基礎にあったのは、歴史的・個人的関係性による信頼関係や社会関係資本（ソーシャル・キャピタル）です。次に、②この土壌の上に創出されたのが、地域連携協定であり、活動拠点「篠山フィールドステーション」です。さらに、この「制度的・組織的基盤」の上に、③教育GPを原資としながら、多くの学生と教員が、地域に入り込む教育プログラムが、面的に実行され、相互の理解や関係性が深まりました。また、「るーらん」といった学習ネットワークがつくられ、連携活動が学生だけのものでなく、多様な主体による実践とネットワーク化が図られるようになりました。④最後の段階は、教育と研究と地域づくりの融合が図られる段階です。滞在型の活動拠点「篠山フィールドフラット」が整備され、学生は、地域に移住、長期滞在して研究や活動をおこなうなど、より深く地域に関わり、さまざまな場所での課題解決と価値創造が多発的におこるような段階に至っています。

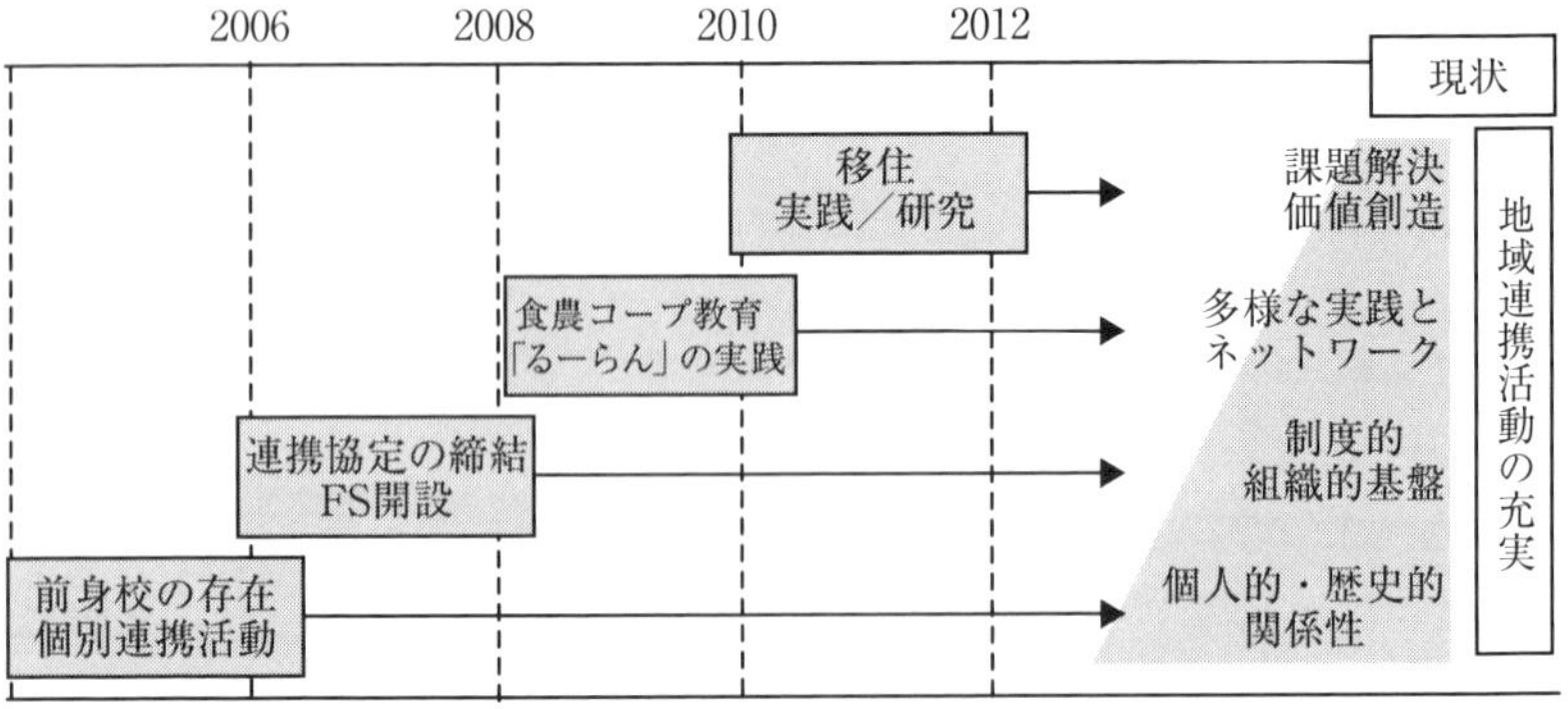

図４　神戸大学と篠山市との連携の段階的発展

これらの段階は、一足飛びにはすすみませんが、1つ1つ積み重ねていくことが大事です。また、多くの地域が望む大学生の定着についても、いくつかのステップを踏むなかで、着実に地域での活動キャリアを重ねていくことが大切であり、その先に、地域に根ざした仕事のキャリアをつなげていく仕組が必要と思われます。また、学生の地域への定着は、あくまで結果の1つと考えるべきです。個別の活動において、しっかりと教育と研究と社会貢献（地域づくり）を、できる限り融合させていくことが、「連携疲れ」に陥らず、連携活動充実のステージを重ねていく要点といえるでしょう。

Ⅳ　県下に広げる大学とのマッチング：福島県の取組

1　福島県「大学生の力を活用した集落復興支援事業」

(1)　県下の小規模集落の「内なる力」の維持強化

これまでに、神戸大学と篠山市の総合的な連携の事例をみてきました。しかしこのように、1時間圏ほどの比較的近い距離に大学がなく、頻繁な活動をおこなうことが困難な地域はどのようにすれば良いでしょうか。

ここでは、県外の大学・大学生の力を、中山間地域の集落の活性化に結び付けることに成功している福島県の事例を紹介し、地勢的なハンデをもつ地域における大学・大学生の力の活用方法について一緒に考えてみたいと思います。

福島県の中山間の過疎地域においては、東日本大震災や原発事故による影響が県全土におよぶなか、集落が本来有している住民同士の絆や相互扶助の精神、地域特有の伝統文化や慣習、美しく豊かな自然や景観といった地域の「内なる力」を維持・強化することが課題とされていました。そこで、福島県では、大学生を集落に派遣し、大学生の持つ新しい視点や行動力、専門技術・知識など「外からの力」を活用することによって、集落の「地域力」を再生・育成し、地域の復興と振興を図ることを目的とした支援事業に取り組むことにしました。この事業を開始する背景には、福島県として、従前より小規模集落を対象とした活性化支援事業「地域づくり総合支援事業（通称、サポート事業）」を実施していましたが、すでに活力を失いつつあった集落に、いきなりこの事業を導入することが難しかったという経緯があります。「大学生の力を活用した集落復興支援事業」は、大学生との活動がこの停滞打破のきっかけとなることを期待して、福島県企画調整部地域振興課が中心となって２００８年度から企画実施したものです。

（２）渡し切りで活動費を提供

この事業を円滑にすすめるために、福島県ではさまざまな工夫をしています。大学の募集においては、県内の各大学には、アカデミア・コンソーシアム福島（ＡＣＦ）のネットワークを活用するとともに、県外の大学には、担当者がもつ個別の大学教員ネットワークを活用して呼びかけを行っています。一方、受入集落の募集に関しては市町村及び県の出先機関に照会をかけるとともに、新聞やＨＰによる周知も行っています。

その上で、集落と大学とのマッチングについては、特に注意が払われています。大学への期待や受け入れ体制などの集落の状況を市町村と情報交換を行いながら把握したうえで、大学と集落との距離や専門性・実績を考慮しながらマッチングを行っています。事業の初動期における大学・大学生と地域の信頼関係の構築に特に配慮しており、集落と大学の一回目の顔合わせまでは、双方の要望や情報提供をおこなうなどのコーディネートを福島県の地域振興課がおこなっています。

活動費は、補助ではなく事業委託として、大学生に10～15万円程度を「渡し切り」で提供しています。委託の内容は3つで、福島県が指定する集落の実態調査の実施、福島県が主催する地域振興を図るための報告会での調査結果及び集落活性化策の合同発表、調査実施した集落の活性化策に係る調査研究報告書の作成です。委託金額は、大学から集落までの往復距離に応じて算定されており、大学教員を代表者として委託を行っています。委託料の対象は、交通費や宿泊費、実態調査に係る調査研究報告書作成費用などです。参加要件に大学の専門性や立地条件などの制限を設けず、成果物作成の負担が少なくなるように配慮しているため、自由度が高く参加しやすいことが利点となっています。一方で、参加する複数大学で合同での発表会を実施することは、集落間や大学間で活性化策の提案や実証実験の成果の共有と、総合の競争意識を高めることにつながり、次年度以降の活性化の取り組みの質を高める効果があるといえます。

（3）受け入れから「サポート事業」への展開

この事業では、若者と小規模集落の交流を通じて、地域の魅力を再発見することに力点が置かれています。最初に、大学生が地域住民と集落の実態調査（住民からの聞き取り・集落点検）を行い、集落の活性化策を提案します。次に、活性化策を合同の報告会で発表し、報告書を提出します。その上で、集落からの希望があれば、翌年、作成した活性化策の「実証実験」を行います。受け入れ集落の大半は翌年もこの「実証実験」を実施しています。最後に、当該事業で策定した集落活性化計画に基づく事業を集落や地域主体で実施する場合は、事業終了後、「サポート事業　過疎・中山間地域集落等活性化枠」で補助を受けることもできます。

この事業の参加対象は、福島県内・県外にある大学に在籍する大学生5～10人程度で構成されるゼミやサークルです。２００８～２０１２年度は毎年7グループ程度、２０１３年度は、4グループが参加。２００８～

２０１３年度までの参加大学グループの合計は28グループです。参加している大学の半数は、東北や関東など、県外の大学となっています。一方、受入集落は基本的に１つの大学につき1集落です。１集落では資源に限りがありますが、委託料の範囲で学生の調査が可能な規模であるという理由から、集落単位でのマッチングを行っています。なお、これまで受け入れをおこなった28の集落のうち８つの集落が、「サポート事業」に発展する成果をあげています。

２　大学生受け入れ事例の紹介

具体的にはどのような事例があるのでしょうか。ここでは本事業において大学を受け入れ、「サポート事業」に展開した４つの事例について紹介します。

（１）カボチャ祭りで地域活性化――喜多方・板の沢集落

①講演をきっかけとした法政大学との連携

喜多方市板の沢集落は、世帯数は10世帯で、20代が３人です。多くは兼業農家であり、喜多方や若松へ働きに行く人が多い地域です。２０１０〜２０１１年まで法政大学のグループを受け入れています。初年度は２回生が中心に３か月に１回程度集落を訪問し、集落の持ち寄りでご飯を食べるなど交流を深めました。２年目には、大学発案の取組の一つとして、特産品である「土手カボチャ」のＰＲをかねた、「板

写真 11　カボチャ祭の様子

の沢カボチャ祭り」を企画実施したところ、集落の人全員を含む、約50人の参加があり、高い評価を得ました。この取組を発展させるかたちで、2012年から「サポート事業」を実施しました。①獣害対策による特産品の安定栽培、②土手カボチャや山菜などの商品開発と普及販売、③板の沢応援団づくりなどの事業を展開しています。事業終了後は、大学生は継続的に板の沢応援団づくりに関わり、集落側が学園祭に参加するなど交流を深めています。

受け入れのきっかけはこの法政大学の、教員の講演に住民が参加していたことです。教員と集落で協議して一緒に県に事業申請しました。これまで集落活性化の取り組みをしていませんでしたが、集落のなかで同世代の連携が取れていたため、「自分たちがどこまでやれるのか」を試してみようと大学生の受け入れを決定することができたそうです。ただし、大学生が移住することはあまり期待しておらず、大学生とのつながりができればよいという考えで集落として受け入れを行っています。学生と電話で直接やりとりするなどの事務局的な作業は、市が配置する集落支援員が主に担当しています。

②事業終了後に「集落と都会の橋渡し」になる

受け入れのリーダーらは、「事業での学生の活躍よりも、卒業した学生が、集落と都会との橋渡しになる」ことを期待していると言います。また、学生を受け入れた感想は、拘束される時間はあるが、行政の支援もあったため、特に負担に感じたことや大変だったことはないとのことです。受け入れた学生については、「社会福祉学を専攻していることも影響してか、子供であれ、お年寄りであれ嫌がることなく話しをしてくれる」と、住民は高く評価しており、自分たちの子供のように感じている住民も多いそうです。その後、大学生が地域人材として活躍している点も重要な展開です。例えば、2011年の学生リーダーをはじめとする学生OBが、山形など東北各地で地域おこし協力隊に参加しています。

受け入れたことによる地域変化としては、学生が関わることで、地域のイベントに遊び心が入ってきたことを地域側は評価しています。例えば、カボチャ祭においては、カボチャころがしや、カボチャ川柳などのアイディアが出され、実現されています。さらに、学生の受け入れを通して集落の結束が強くなったことが評価されていました。

なお、大学生との協働がうまくできたコツは、顔合わせの懇親会で親睦を深めたことだそうです。区長が定期的に変わるため、継続的な関係づくりのためにも窓口を固定しておくことも大切だそうです。

(2) 天空の郷づくりで地域再編——西会津町・上谷地区

① 4集落と宮城教育大学との連携

西会津町上谷地区は桐や杉で収入を得てきた標高400mの山間地であり、現在は兼業農家が多い地域です。この地区の地域づくりは4つの集落が協働で取り組んでいます。4つの集落のうち、泥浮山、程窪、長桜は、1つの分校の小学校区なので交流はありましたが、小杉山集落は違う校区にあり交流はあまりありませんでした。2008年に道路ができたことをきっかけに、4つの集落

写真12　学生による集落の魅力探し

の交流がはじまりました。県外にある宮城教育大学の学生の受け入れを2010～2011年に行い、その提案を受けて、2012年からサポート事業「西会津　天空の郷　持続可能な地域づくり事業」を実施しています。4つの集落の総称である「天空の郷」のネーミングも大学生からの提案です。大学を受け入れるきっかけは、2009年に役場にケータイ電波や道路問題の改善を陳情した際に、この県事業のことを知り、集落で相談した結果、受け入れを決断しました。各集落にリーダーはいましたが、少人数で孤立していたため、5つの集落に呼びかけ、最終的に4集落が連合して大学生を受け入れることにしました。

②大学生の受け入れをきっかけに新しい地域組織を設立

大学生を受け入れる目的は「経済の活性化」に関する提案をしてもらうことでした。学生は年に4～5回程訪れました。受け入れ人数は、2010年が18人、2011年が13人程度であり、各年は全く同じメンバーではありません。

最初に、各集落の区長が集落を紹介し、学生に対する要望を発表しあいました。次に、集落の聞き取り調査を実施しています。最後に、学生から地域資源である清水、景観、山菜を活かす活性化策の提案がありました。要望と提案が十分に一致しているわけではありませんでしたが、大学生が地元の人が教える伝統的な手仕事に興味をもち、熱心に聞く学生の姿勢を地元住民は高く評価しています。

大学生を受け入れた効果としては、地域住民の当事者意識に温度差があったところが、大学生が入ったことをきっかけに、「西会津・天空の郷」が設立されるなど、地域住民の団結力が高まったことがあります。天空の郷は、

12～13名の構成員からなり、区長が副会長、庶務1人、前区長である顧問4人により構成されています。各集落の要望を全体の事業として位置づけ、その事業の運営は各集落単位で行う仕組です。学生は構成員ではありませんが、事業の運営スタッフとして携わっています。また、大学生との懇親会のなかで、地元住民が一品持ち寄りをした際に、山菜の魅力に学生が気付き、山菜を活かした事業が学生から提案されました。この提案を受けて、天空の郷の事業の1つとして、２０１１年に生産加工組合を設立し、新たなコミュニティビジネスの育成を行っています。生産加工組合員は3人で現在の売上は１５０万円程度。５００万円程度が目標であり、わらび園を開設し、道の駅での販売や電話注文を受け付けています。

さらに、清水や眺め桜など、忘れていた地域の価値を再発見し、環境が整備されていることに地元住民は喜びを感じています。学生から、「きれいな水をだれでも飲めるように」という提案を受けて、水飲み場を地元住民の力で整備しました。水の成分表示や眺め桜の看板を設置するなど、受入活動内容が表面化していくことが、「涙が出るほどうれしくなった」と受け入れ担当者は話しています。

（3）森林の分校のあかりで地域活性化――只見町・布沢地区

①分校を活用した宇都宮大学との連携

只見町布沢地区は只見町の東部に位置し金山町や昭和村と接する山間の集落です。現在、58戸、約１５０人が住んでいます。地区の中心部にある宿泊体験施設「森林の分校ふざわ」は10年程前に廃校となった只見町立朝日小学校布沢分校を、田舎暮らしの宿泊体験施設として再利用した施設であり、住民有志により組織される「森林の里応援団」が指定管理者として運営しています。「森林の分校ふざわ」から自動車で約15分のところに、８００haに及ぶ広大なブナの自然林である「恵みの森」があります。

この体験施設に新しい風を入れることを目的に、２０１０〜２０１１年の2年間、宇都宮大学のゼミの集落支援事業を受け入れました。現在も宇都宮大学の有志学生で作ったサークルとの交流が続いています。受け入れは、集落ではなく有志グループでおこない、グループ間での交流を行っています。このグループには、６〜７人の地区の役員が参加しており、地域を担う新たなチームとして機能しています。初年度はむら仕事をしてもらうことからはじめましたが、学生たちが30アールの田んぼを耕すようにもなっています。また、この活動の参加者の中から、福島県に就職する大学生も出ています。

写真13　大学生による田植えの様子

②地域のあきらめ感の解消

大学生を受けいれた効果としては、「学生や女性が地域に入ってくることで若者から元気をもらえたこと」をあげています。「自分の息子のように感じている」という住民もでてきており、集落をつなぐ役割を担っている学生の存在の重要性を指摘しています。さらに、学生が喜ぶ姿から、自分たちの住んでいる地域の魅力を再発見することができ、地元を愛する気持ちを取り戻しつつあるといった効果もあるとのことです。特に「分校の明かりがついていることがうれしい」という声が住民からでてきています。分校のお客さんとしての効果のみならず、

「自信を失っていた地域のあきらめ感の解消」につながっています。

（4） 福寿草を活かした村づくり――南会津町・中小屋集落

①福寿草の保全をきっかけにした会津大学との連携

南会津町中小屋集落は、高齢化率57％、世帯数11の小さな集落です。２０１２から会津大学の大学生の受け入れを行い、２０１３年には「サポート事業」を導入し、大学生の受け入れを続けています。きっかけは、中小屋集落を消滅させたくないという思いから２０１１年に、町の制度で集落支援員を導入し、福寿草を活用した取組みを提案しサポート事業の補助の採択を目指したことです。しかしながら、採択はかないませんでした。そのとき、県の出先機関から、大学生とともに計画づくりを実施すれば、サポート事業の補助を受ける可能性が高まるという助言を得て、事業を紹介されました。当初は、地元から、負担があるという反対意見もありましたが、「若い子と話せればよいのでは」という5～6人の支持があり受け入れが決定されました。

写真 14　大学の学園祭への出店の様子

受け入れ主体は集落ですが、集落支援員と学生代表（学部3年）がやりとりをしながら事業を進めています。集落では、当初学生からの提案に過大な期待をしていたそうですが、期待の方向が間違っていたと理解し、集落の要望に沿って学生に活動してもらう方法に転換しました。一月に一回5～6人の学生が訪れて交流を深めています。また反対に、大学側からの依頼で、集落の人々が学祭に参加するなどの相互交流に発展しています。

②やる気さえあれば村おこしができることに気付く

受け入れをしたことによる地域の変化としては、集落で集まる機会がこれまでに比べ数倍に増えたことがあげられます。「やる気さえあればムラおこしができる」という自信がつき、他の地区への集落へのPRになっています。事業を円滑におこなうコツとしては、「学生と地域住民をどう楽しませるか」を考慮することをあげています。そして「学生をあまりお客さん扱いしないことが大切です」と言います。大学生と地域住民が楽しめる場づくりをすることに重点をおき、学生が来たときには、ほぼ集落全体で参加しています。お酒の会を開くなど集落がまとまる機会として学生の受け入れを活用し、結果として、毎月のように懇親会を開催しています。月1回の交流頻度は、地元として負担が多いのですが、「数か月に1回だと次に学生が来ないのでは」、と不安になるそうです。参加する学生は県下出身者が少なく、毎回同じメンバーではありません。しかし、留学生なども参加しベトナム、スリランカ、チュニジア、アメリカなどの留学生との国際交流も喜ばれています。大学生との関わりが、調査・報告だけだともの足りないという声もあり、むら仕事などの共同作業や新たな交流事業を実施することを今後の課題としています。

3　マッチングを農山村再生につなげるには

（1）地域連携活動の成果

以上、福島県の事例から、年に3～4回の交流であっても十分、地域の再生につながっていることが明らかになりました。具体的には、大学・大学生の力の活用は、次の4つの成果をあげているといえます。1つ目は、地域における新たな実践コミュニティ形成、リーダーの台頭です。大学生の受け入れを集落や地域の有志で担当するなかで、地域の現状にあった新たな実践コミュニティ（リーダー・グループ）が形成されています。2つ目は、地域の価値の再発見と地域づくり意欲向上です。学生たちのさまざまな提案を通じた「交流の鏡効果」により、自分たちの地域の中にたくさん誇るべきものがあることを再発見しています。また、「やる気さえあれば、できるのだ」という自信が生まれる成果を上げています。3つ目の成果は、その発見した価値を資源とした実践活動が生まれていることです。学生たちによるさまざまな提案を、実践活動に移すことで、地域資源が顕在化され、たとえ少しずつであっても地域が実際に変わっていったのです。また、その実践の過程で加わった新たなメンバーとともに活動を内省することを通して、新たな第1歩がすすむという好循環がうまれていることも成果です。最後の4つ目は、こうした全てのプロセスをとおした、地域の結束・つながりの再生です。学生が来るようになり、集落内で飲み会をする回数が増えたなど、地域の結束が高まるという効果がみられ、いうなれば「地域に住む幸せの再生」を実現していることがわかりました。

(2) 適切なマッチングと段階的な支援

それでは大学・大学生の力を活用するポイントは何でしょうか。第1のポイントは、集落のニーズや状態と、大学のニーズや技術を把握し、適切にマッチングすることです。福島県の担当職員が市町村の担当と連絡を密にとるとともに、大学側への丁寧なヒアリングを行うことにより、適切な組み合わせを検討しています。

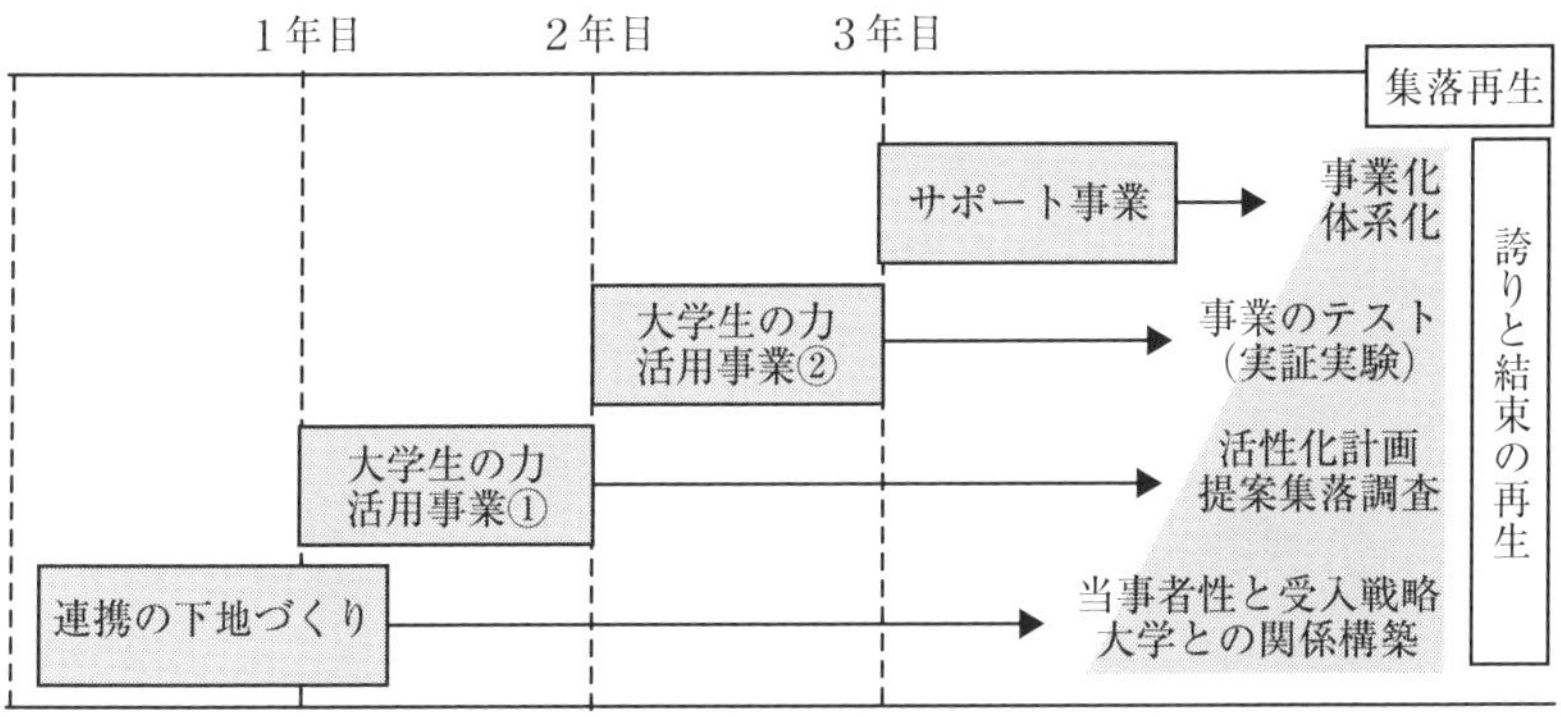

図5　福島県の大学生の力を活用した集落再生事業の制度設計

第2のポイントは、段階的で、計画的な施策体系の整備です。本事例においては、①学生主導による集落調査を通じた地域活性化策の提案（1年目）、②学生と地域が連携した地域活性化策の実証実験（2年目）、③地域主導による集落サポート事業（3年目以降）というように、段階的に事業が発展するように行政の支援プログラムが整備されており有効に機能しています。

図5は、このような福島県の仕組みについて、その内容、目的、施策と関連づけてまとめたものです。3つの施策が関連づけられていることがわかりますが、その前に、第1段階として、「連携の下地づくり」があります。この段階で、住民が地域の問題を自分たちのこととして認識する当事者性をもつこと、大学・大学生の受け入れを、きっかけとして、地域の何を変えるのか、大まかでもかまわないので戦略をもつことが重要です。大学が何かを変えてくれると期待するのではなく、地域住民自身が変革の当事者となり、地域を変えていこうという意識がないと上手くいきません。その上ではじめて、行政の支援施策が機能するのです。

（3）今後の課題

福島県の取組の今後の課題としては、①事業終了後も継続的に学生が関われる仕掛や仕組をつくること、②サポート事業を市町村レベルで支援する仕組をつくること、③受入集落の代表者への負担を低減すること、④大学生への委託料を維持・充実すること、⑤地域と学生の情報伝達を円滑にすることなどがあげられます。

また、大学生が提案する集落活性化策を実行できない小規模な集落もあることも忘れてはなりません。1年目計画づくり、2年目実証実験というプロセスを経ても、短期間では成果が出せない事例も実際にはあります。一方で、5~6人の地区の有志コミュニティで大学生を受け入れた取り組みが成功している点も見逃せません。繰り返しになりますが、そこでは「下地づくり」が大切です。これを織物に例えるなら、大学・大学生の受け入れに際して、集落毎にある伝統的な社会関係としての「経糸（たていと）」を尊重しながら、地域の活性化に関心が高い数人の有志が、集落間や大学、さらには関係機関を結ぶ「緯糸（よこいと）」となり、大学・大学生の受け入れや地域づくりの「下地」をつくっていくというイメージです。そこでは、地域連携コーディネーターが、いうなれば、機織りの「杼（ひ）」の役割を果たします。また、その後の大学生による提案は、新たな可能性が地域を誇り高く染めなおす「染料」の役割を果たすものかもしれません。現在、大学生を受け入れる力さえないと思われる集落でも、再生のきっかけを得られるよう、このような「下地づくり」段階の支援施策や手法の開発も今後の課題です。

V　まとめ：大学・大学生と農山村の相互発展

1　大学・大学生と農山村の連携推進の要点と課題

(1)　連携の限定性と段階性の理解

最後に、大学・大学生と農山村の連携を推進するための要点を整理したいと思います。

第1の要点は、地域連携活動の限定性と段階性を理解することです。連携活動の限定性とは、Ⅱ章で示したとおり、地域と大学の置かれた状況、位置関係により、ある程度実現可能な活動がきまってくるということです。本書では地域連携の活動形態を、①交流型、②価値発見型、③課題解決実践型、④知識共有型の4つに整理しています。こうしたなかで、どのような連携活動を目指すのかを明確にすることが大事な点です。

また、同時にふまえる必要があるものが、連携活動の段階性です。連携活動を開始するにあたっては、大学との関係性が、個人レベルであれ、ある程度構築されていることが望まれます。また、何のために連携活動をするのか、おおよそでも目的を地域内で共有しておくことが求められます。この第1段目の蓄積があった上で、後に示すソフト面、ハード面の「インフラ」の整備がなされてはじめて、連携活動は広がります。また、その活動が多発的におこり、ネットワークが形成されることで、地域の創造性が高まり、地域の再生につながっていくのです。段階性を無視して、一足飛びに連携活動は進みません。行政の施策設計も、福島県の事例でみたように、こうした段階性を考慮する必要があります。なお、見落とされがちですが、連携活動をはじめる「下地」の段階へ

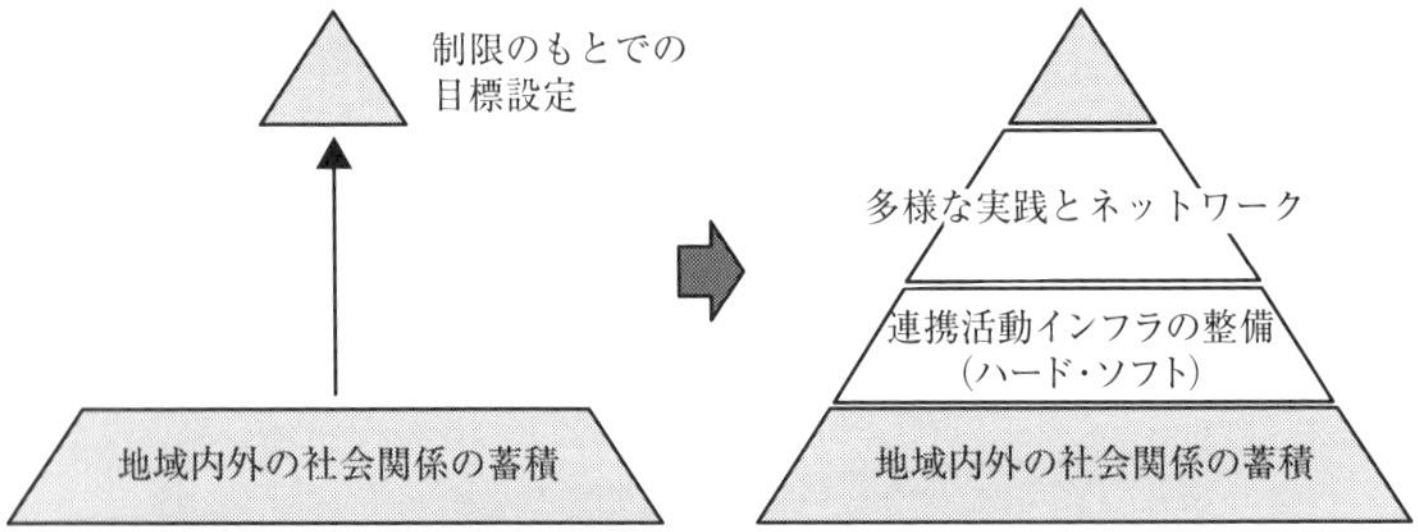

図６　地域連携活動の段階性

の支援は、制度的にも理論的にも手薄なのが現状で、その充実は今後の課題といえるでしょう。

（2）連携活動の「インフラ」の整備

その上で重要となるのは、活動を支えるハードとソフトの「インフラ」です。ハードとしては、物理的な建物や居室の設置が求められます。近年、大学に整備されている地域連携や社会貢献に関するセンターは場所として、その1つといえますし、本書で紹介した農山村地域でのサテライト施設、さらには学内外の会議室や作業スペースなどもそれにあたります。このような場があることにより、大学と地域の連携が目に見えるようになりますし、関係者が集まる拠り所となります。最初の一歩を踏み出し、コミュニケーションやネットワーキングを豊かにする良質なハードの整備が求められるでしょう。

ただし、場所を整備すれば、それだけで良いということは決してありません。実際、立派なハードだけを設置しましたが、その後放置されている拠点も少なからず存在します。そのときにソフト面の「インフラ」として求められるのは、第1に、地域連携コーディネーターの配置です。繰り返し述べていますが、人が介在することなしに、地域連携の活動はすすみません。第2は、特に学生を対象に求められることですが、日常的な相談体制、つまり地域活動のメンター制度です。教員や研究員、地域連携コーディネーターによる技術面や心理面でのサポートは、活動継続には不可欠といえるでしょう。また、学生同士が、上級生、下級生の関係のなかで、支援しあう制度（ピアサポート）を設けることも、人材育成の視点からも重要です。加えて、第3に、地域連携活動をおこなう団体を、登録、承認する制度が大学に整備されていることも大切です。このことにより地域での活動団体の信用が担保されますし、学内の活動スペースを正式に利用できるようになります。同時に、活動時の怪我や事故に備えた保険加入を促すことも基礎的な仕組として望まれます。そして、最後に第4のものとしては、現地までの移動の交通費を含めた活動資金確保の支援です。地域連携に特化した基金の設置や、外部の助成金の獲得などの支援する体制などが整えられることにより、活動は広がりをみせるでしょう。

2　おわりに：農山村でのさらなる実践へ

以上、本書では、農山村再生における大学・大学生の位置づけや役割、さらには、相互の発展を可能とするための要点を、事例を踏まえながらみてきました。最初に述べたように、このような地域連携活動は、今後、全国的に更に広がりをみせると思われます。

その一方で、その体制は十分整っているとはいえないのも現実です。先に「インフラ」として述べたように、大学生と農山村の連携活動を支援する仕組についてはある程度明らかになり、整備されてきましたが、大学側のもう一つの主体となる大学の教員・研究者を取り巻く環境には改善の余地が多いのも事実です。教育、研究と比べて、地域連携活動は、大学の活動として明確に位置づけられていませんし（教員の時間配分割合、つまり「エフォート」に勘案されない）、実績評価も弱いままです。若い研究者が積極的に、地域連携を担うには、そうした制度面の改善は喫緊の課題です。また、制度整備と同時に、大学全体としては、教育・研究・社会貢献をどのように融合していくか、研究分野による向き不向きを考慮した役割分担も踏まえながら検討していくことも課題です。

大学生に目をむけると、これまで紹介したように、地域での活動に対する関心は非常に高まっています。農山村に根をおろした学生の活動は、教育や研究と関連をもちつつも、独立した活動と位置づけられるものです。大学生の課外活動のうち、部活やサークル活動を第1、アルバイト活動を第2としたときに、これらの地域連携活動は、いわば第3の活動として位置づけられるものかもしれません。新しいタイプの活動として、どのように位置づけ、育てていくかも、大学、地域の双方に課せられた課題といえるでしょう。

このように、大学・大学生の活発な活動が広がり、そのことが農山村の力を高める。その高められた魅力に引き寄せられて、大学・大学生が農山村を訪れ、そこで力を高める。このような双方の発展につながる好循環をうみだすことが、これからの大学・大学生と農山村再生の望ましい関係であるでしょう。いまだ第1歩を踏み出したばかりですが、今後の成否は、さまざまな立場にある、この本の読者のみなさん方にあると思います。

【参考文献】

(1)小田切徳美『農山村再生「限界集落」問題を超えて』、岩波書店、2009年
(2)小田切徳美「日本における農村地域政策の新展開」『農林業問題研究 49(3)』、地域農林経済学会、2014年、3~12頁
(3)内平隆之・中塚雅也・加古敏之「農学分野における地域連携の枠組みと展望：神戸大学大学院農学研究科と篠山市の連携を中心として」『農林業問題研究 44(1)』地域農林経済学会、2008年、129~134頁
(4)内平隆之・中塚雅也・加古敏之「地域連携活動における意識ギャップと評価手法に関する一考察」『農林業問題研究 45(1)』地域農林経済学会、2009年、58~63頁
(5)内平隆之・中塚雅也「地域連携活動における農村地域サテライトの役割と課題」『農林業問題研究 47(1)』地域農林経済学会、2011年、47~53頁
(6)内平隆之・中塚雅也・布施未恵子「学生地域活動コミュニティの課題と組織的支援」『農林業問題研究 49(2)』地域農林経済学会、2013年、255~260頁
(7)木村伸男「大学農林経済教員の社会貢献とその意義・限界」『農林業問題研究 42(4)』地域農林経済学会、2007年、323~329頁
(8)中塚雅也編著『農村で学ぶはじめの一歩：農村入門ガイドブック』、昭和堂、2011年
(9)中央教育審議会『我が国の高等教育の将来像(答申)』、2005年
(10)『農業と経済2011年2月臨時増刊号　期待される大学の地域貢献：地域連携・産学連携による共存のあり方を探る』、昭和堂、2011年

〈私の読み方〉 農山村再生における大学の役割

小田切 徳美

1 地域・大学連携の現実—地域の不満・大学の不安—

全国各地で大学・地域の連携が推進されている。国や地方自治体の支援策も目白押しである。その推進を意識した日本経済新聞「大学の地域貢献度ランキング」が調査・公表され始めたのは2006年であり、この動きは全国的にも既に数年以上の経験を持つものと言ってよいであろう。

しかしながら、それらのすべてがスムーズに進行しているわけではない。むしろ、地域、大学の両者から戸惑いの声が聞かれる。地域サイドから出ているのは、現場からの要望に対して、大学が直接の解決策を示してくれないという「不満」である。その前提には、「大学と連携すれば、なんとかなると思った」という強い期待がある。他方で、大学の教員には「なんでもかんでも頼まれて、対応しきれない。このままでは自分の時間がなくなってしまう」という「不安」が生まれている。この「地域の不満・大学の不安」という構図は決して、事例的、例外的なものではない。

こうした現実を「連携疲れ」として直視し、改めて大学の農山村再生に果たす役割の可能性とその課題を論じたのが本書である。著者である中塚雅也、内平隆之の両氏は、ともに大学教員として、神戸大学大学院農学研究科地域連携センターおよび兵庫県立大学エコヒューマン地域連携センターでそれぞれ地域連携の実践に深くかかわっている。本書がすぐれて分析的でありながら、その文中で時折、深い苦悩や熱い思いが聞こえてくるような記述に出会うのはそのためである。

このような豊富な実践経験を持つ著者による本書のメリットは、①大学を万能組織と考えず、地域貢献活動はむしろ限定的な条件下でその機能を発揮するものとすること（「限定性」と表現されている）、②地域貢献を動態過程で捉え（「段階性」と言われている）、その成長プロセスを明らかにしたことの2点にある。いずれも先行研究では議論されていない論点であり、これによりリアルな分析と鋭角的な問題提起に成功していると言えよう。

2 「若者の拠点」としての大学

理系の分野、とりわけ農学や工学等の特定の領域では、大学が産学連携の一環として地域課題に関わることは以前から見られたことである。したがって、現状のように文系学部を含めて、ほぼすべての分野で「地域貢献」が実践されているのは、大学の別の側面に光が当てられているからに他ならない。それは、「若者の拠点」としての位置づけである。実は、この点は意外と見過ごされており、依然として大学の専門性との関係で地域貢献を論じる議論も多い。しかし本書では、大学を若者との関係で明確に位置づけている点に特徴がある。

このことをより理解しやすくするために、58頁の図を作成した。左側が教員（研究者）中心の大学の地域貢献の仕組みを表している。これは従来から続く基本形である。縦軸は大学（教員）の専門性を表しており、

図　地域・大学連携の２つの形

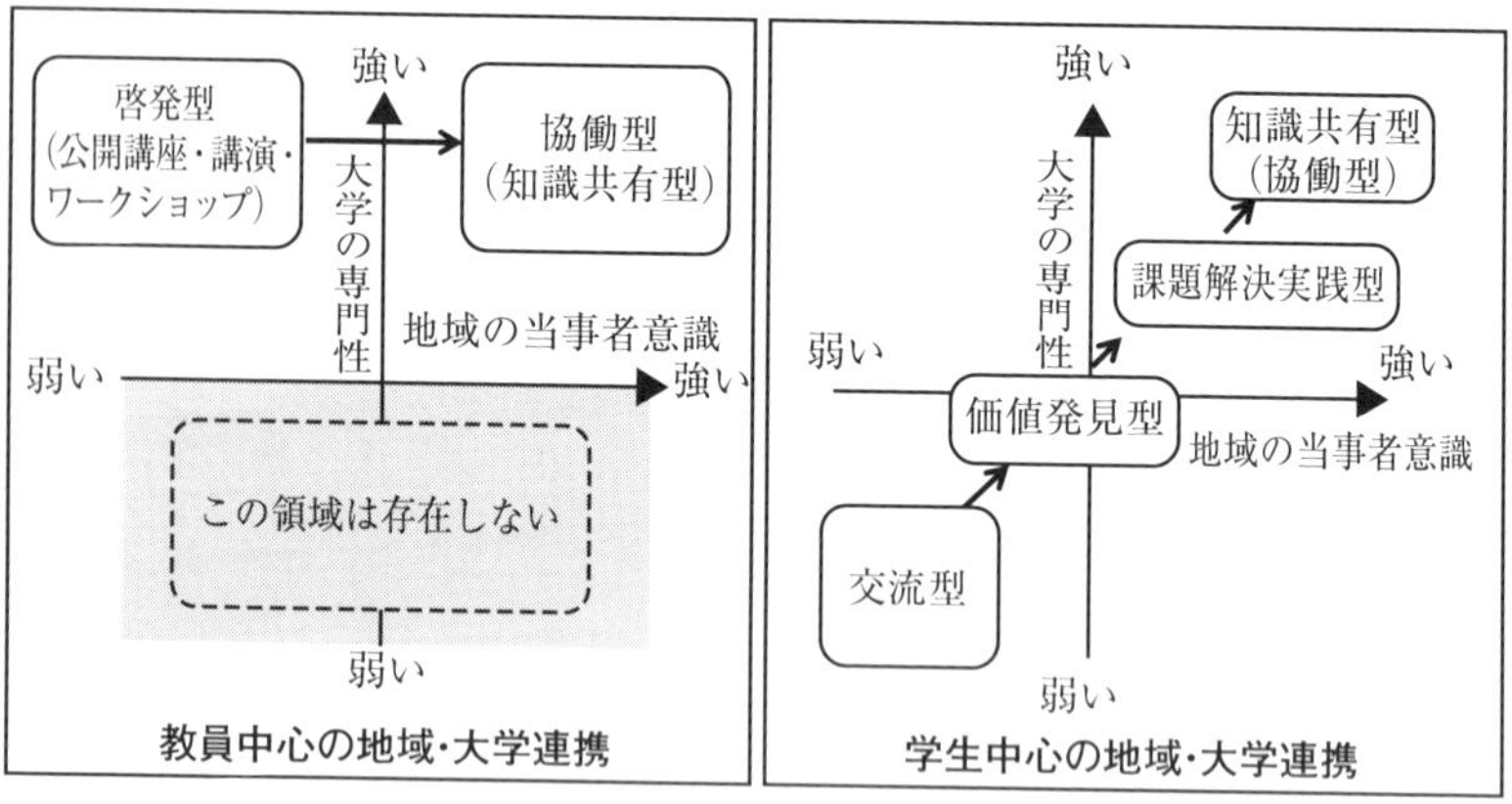

したがって下半分（第3象限と第4象限）の領域は存在しない。そのことを前提とすれば、地域貢献は、横軸の「地域の当事者意識」に応じて、それが弱い段階の「啓発型」とそれが強い「協働型」の二つのタイプが想定できる。そこで浮かんでくるイメージは、前者は、公開講座・講演会、ワークショップなどである。そして、後者のイメージが、大学の研究者と地元の人々が同じテーブルにつく委員会形式の協働活動が想定できる。当然、前者から後者へ移動が期待される動態である。

しかし、大学・地域連携として、いま現実に行われている取り組みは、多くが右の図で示した形ではないだろうか。そこでは、学生が中心の地域連携が進められており（大学のカリキュラムに位置づけられている場合もそうでない場合もある）、専門性については、先の図とは異なり、それが弱い領域（下半分）も存在する。そして、本書で明らかにされた連携の4つの類型はこの図中にうまく当てはまり、①交流型→②価値発見型→③課題解決実践型→④知識共有型という、左下（第3象限）から右上（第1象限）への発展プロセスを形成している。

つまり、①学生と地域住民が、小さなイベントなどを通じて、ワイワイガヤガヤと交流する連携、②両者がワークショップを通じて地域資源を「宝」として発掘する連携、③学生達が教員の助けを得ながら、その専門性を活かし、住民とともに問題解決へのアクションを起こす連携、④両者が強い当事者意識と深い専門性に基づき、協働してプロジェクトを計画、実践していく連携（左の図の「協働型」に相当）である。

こうしたプロセスには、この図にあるように、地域住民の当事者意識の醸成と高まりを随伴している。同時に、大学サイドも、地域とかかわることにより、学生が自らの専門性を高めるという成長がある。つまり、新しい連携モデルは、地域も大学もともに成長・発展することが想定されているのである。

本書の分析で注目すべき点は、こうした各段階を意識して「地域と大学の置かれた状況、位置関係により、ある程度実現可能な活動がきまってくる」ことを指摘していることである。先に触れたようにそれは「限定性」と表現されているが、逆に言えば、その条件をしっかりとふまえれば、どの地域でも、またどのような大学でも取り組める活動であることを意味しており、それはむしろ、地域・大学連携の「取り組みの普遍性」の析出に他ならない。同様に、段階性も、本書では「段階性を無視して、一足飛びに連携活動は進みません」という警鐘に導かれているが、逆に手順を踏まえれば、成長の道があることを意味している。それは「発展の普遍性」の指摘であろう。この「限定性＝取り組みの普遍性」、「段階性＝発展の普遍性」は、実践にかかわった者ならではの発見といえよう。

なお、段階性にかかわり、次の点はあえて補足しておこう。それは、「交流型」の重要性である。このようなワイワイガヤガヤ型のものであれば、「小中学生でもできる」という批判もありうる。しかし、学生達は、地方出身者であっても、農業・農村の現実をほとんど知らない。いわんや東京をはじめとする都市出身の学生では、いまや都市の三代目（以上）が多く、「いなか」「ふるさと」自体が都市にある。そのような学生達にとって、地域連携は、まずは現実を知ることから始めざるをえない。そのために、地域住民と祭り・イベント等を通じた交流が第一歩となる、ただし、彼らが、小中学生と決定的に違うのは、多くの大学生が強い情報発信力を持っている点である。インターネットやSNS（フェイスブックやツイッター等）の発信により、仲間が仲間を呼び、交流の輪を広げる拠点となりうる。さらに、大学生の知的な吸収力の高さにより、「交流型」からより意識的な「価値発見型」への移行も期待される。いずれにしても、スタートラインとしての「交流型」の重要性は「大学らしくない」と軽視されてはならない。

3　域学連携の持続化の課題

しかし、こうした域学連携の最大の課題は持続性である。それは、「通過的な存在」としばしば言われる学生の特性から、それを中心とする取り組みでは必然的に生じる問題でもある。

この問題への回答も、本書の事例分析の中に用意されている。ひとつは、第Ⅲ章の神戸大学─篠山市の連携の紹介に見られたように、教育プログラム（授業・実習）として行われたものであっても、それを経験した学生が、その後、学生団体メンバーとして交流に主体的にかかわったり、さらには卒業後の移住につながったりする傾向が見られる。そして、それが「篠山フィールドフラット」という自力での宿泊施設の確保（改修）につながっている点も興味深い。

ふたつは、第Ⅳ章で詳述される福島県の取り組みのように、むしろ大学の対応の持続性を前提とせず、3

～4回の交流でも効果が出るような仕組みを作る工夫である。確かに、大学サイドの取り組みの持続性が約束されていることは望ましい。しかし、大学が至近距離に立地していない地域では、著者が指摘するように移動コストの問題があり、恒常的または継続的な連携は必ずしも現実的ではない。福島県で行われている取り組みは、このことを前提にして設計されている。そのためには、地元にとって必要な連携の領域を明確にし、地元の体制構築にも力を入れることが欠かせない。さらに、大学と地域の適切なマッチングが必要となり、集落の要望や状態、大学のニーズや技術を両者のヒアリングにより徹底的に把握することが必要になる。それを県庁の担当職員が市町村の担当職員と連絡を密にとることにより実現しているのである。

ここでの二つの対応は、いずれも地域と大学の連携それ自体を持続化するのではなく、むしろその効果がどのように持続化（ないしは減衰しない）のかを意識したものであろう。現場から生まれた、発想の転換として注目したい。

4　実践ノウハウ集として

本書にはもうひとつの読み方がある。それは、惜しげもなくあちらこちらに散らばっている2人の著者の経験に裏付けされた大小様々な工夫を拾い上げる「ノウハウ集」としての読み方である。例えば、筆者には下記の諸点が印象的である。

〈地域のノウハウ〉

①スタートラインとなる「交流型」の連携では「学生をお客さん扱いしない」ことが重要である。

②集落との連携では、区長が定期的に変わり、そのような状況下での継続的な関係づくりのために、集落サイドの窓口を固定することが必要である。

〈連携のしくみ・行政のノウハウ〉

③地域連携コーディネーターが、地域のひとつのポジションとして配置されることが望ましいが、それがなくとも、機能としてその役割を果たす人が域内に多数存在するようにすることが連携のためには重要である。

④大学側の活動費を自治体が支援する場合には、補助ではなく事業委託として、交通費や宿泊費、実態調査に係る報告書作成費用等を含めた学生単価を基準として、指導教員に対して「渡し切り」で提供することも考えられる。

〈大学サイドのノウハウ〉

⑤地域連携活動は、大学の活動として明確に位置づけられていない傾向があり、若い研究者が積極的にこの活動を担うには、大学内における域学連携の位置づけを全学が共有化することが欠かせない。

以上はごく一部にすぎないが、いずれも貴重な知見であろう。読み手が問題意識を持てばさらに多数のノウハウが本書には埋まっている。気鋭の研究者である2人の著者によりまとめられた研究書であり、実践書である本書を足がかりにして、地域・大学の連携とそれによる農山村再生の前進が期待される。

【著者略歴】

中塚 雅也 ［なかつか まさや］

〔略歴〕
神戸大学大学院農学研究科食料環境経済学講座 准教授。1973年、大阪府生まれ。
神戸大学大学院自然科学研究科博士後期課程修了。博士（学術）。
〔主要著書〕
『農村で学ぶはじめの一歩—農村入門ガイドブック』昭和堂（2011年）編著、「多様な主体の協働による地域社会・農林業の豊かさの創造」『農林業問題研究』（2011年）、「小学校区における地域自治組織の再編プロセス」『農村計画学会誌』（2009年）共著。

内平 隆之 ［うちひら たかゆき］

〔略歴〕
兵庫県立大学環境人間学部エコ・ヒューマン地域連携センター 准教授、1974年、山口県生まれ。
神戸大学大学院自然科学研究科博士後期課程修了。神戸大学大学院農学研究科地域連携センター地域連携研究員を経て現職。博士（工学）。
〔主要著書〕
『住民主体の都市計画：まちづくりへの役立て方』学芸出版社（2009年）共著、「持続可能な地域の実現に向けた環境行動拠点のあり方：ドイツ・エコステーションの事例分析」『日本建築学会計画系論文集』（2010年）、「学生地域活動コミュニティの課題と組織的支援」『農林業問題研究』（2013年）共著。

【監修者略歴】

小田切 徳美 ［おだぎり とくみ］

〔略歴〕
明治大学農学部教授（同大農山村政策研究所代表）。1959年、神奈川県生まれ。
東京大学大学院農学生命科学研究科博士課程単位取得退学。農学博士。
〔主要業績〕
『農山村再生に挑む』岩波書店（2013年）編著、『地域再生のフロンティア』農山漁村文化協会（2013年）共編著、『ポストTPP農政』農山漁村文化協会（2014年）、共著、他多数。

JC総研ブックレット No.4

大学・大学生と農山村再生

2014年3月31日　第1版第1刷発行

著　者 ◆ 中塚 雅也・内平 隆之
監修者 ◆ 小田切 徳美
発行人 ◆ 鶴見 治彦
発行所 ◆ 筑波書房
東京都新宿区神楽坂2-19 銀鈴会館 〒162-0825
☎ 03-3267-8599
郵便振替 00150-3-39715
http://www.tsukuba-shobo.co.jp

定価は表紙に表示してあります。
印刷・製本＝平河工業社
ISBN978-4-8119-0435-1　C0036

「ＪＣ総研ブックレット」刊行のことば

筑波書房は、人類が遺した文化を、出版という活動を通して後世に伝え、人類がそれを享受することを願って活動しております。１９７９年４月の創立以来、このような信条のもとに食料、環境、生活など農業にかかわる書籍の出版に心がけて参りました。

20世紀は、戦争や恐慌など不幸な事態が繰り返されましたが、60億人を超える世界の人々のうち８億人以上が、飢餓の状況におかれていることも人類の課題となっています。筑波書房はこうした課題に正面から立ち向います。

グローバル化する現代社会は、強者と弱者の格差がいっそう拡大し、不平等をさらに広めています。食料、農業、そして地域の問題も容易に解決できないことが山積みです。そうした意味から弊社は、従来の農業書を中心としながらも、さらに生活文化の発展に欠かせない諸問題をブックレットというかたちで、わかりやすく、読者が手にとりやすい価格で刊行することと致しました。

この「ＪＣ総研ブックレットシリーズ」もその一環として、位置づけるものです。

課題解決をめざし、本シリーズが永きにわたり続くよう、読者、筆者、関係者のご理解とご支援を心からお願い申し上げます。

２０１４年２月

筑波書房

JC総研［JC そうけん］

JC（Japan-Cooperative の略）総研は、JA グループを中心に４つの研究機関が統合したシンクタンク（2013 年４月「社団法人 JC 総研」から「一般社団法人 JC 総研」へ移行）。JA 団体の他、漁協・森林組合・生協など協同組合が主要な構成員。

（URL：http://www.jc-so-ken.or.jp）